高等学校大学计算机课程系列教材

U0367284

Python程序设计
项目案例教程 （微课视频版）

王小宁 编著

清華大學出版社
北京

内 容 简 介

本书以 Python 程序设计为主题，由浅入深、循序渐进地介绍了 Python 编程技巧，语言简练，实践性强。全书共 7 章，主要内容包括走进 Python 编程、Python 数据类型、开始程序设计、函数与模块、面向对象、文件与文件夹操作、Python 的计算生态。

本书巧妙地结合了全国计算机等级考试二级(Python)的考试内容，结构清晰、内容合理。本书为新形态一体化教材，配有微课视频、教学课件、程序源码、应用案例等数字化学习资源。

本书可作为高等院校计算机类相关专业"Python 程序设计"课程的教材，也可作为编程入门者的自学读物，还可作为全国计算机二级(Python)考试的参考用书。

图书在版编目(CIP)数据

Python 程序设计项目案例教程：微课视频版 / 王小宁编著. -- 北京：清华大学出版社，2025. 3. --（高等学校大学计算机课程系列教材）. -- ISBN 978-7-302-68622-4

Ⅰ. TP312.8

中国国家版本馆 CIP 数据核字第 2025VL9702 号

策划编辑：魏江江
责任编辑：葛鹏程　薛　阳
封面设计：刘　键
责任校对：韩天竹
责任印制：丛怀宇

出版发行：清华大学出版社
　　　　网　　址：https://www.tup.com.cn, https://www.wqxuetang.com
　　　　地　　址：北京清华大学学研大厦 A 座　　　邮　　编：100084
　　　　社 总 机：010-83470000　　　　邮　　购：010-62786544
　　　　投稿与读者服务：010-62776969, c-service@tup.tsinghua.edu.cn
　　　　质量反馈：010-62772015, zhiliang@tup.tsinghua.edu.cn
　　　　课件下载：https://www.tup.com.cn,010-83470236
印 装 者：三河市龙大印装有限公司
经　　销：全国新华书店
开　　本：185mm×260mm　　印　张：12.5　　　　　字　　数：316 千字
版　　次：2025 年 5 月第 1 版　　　　　　　　　印　　次：2025 年 5 月第 1 次印刷
印　　数：1～1500
定　　价：45.00 元

产品编号：107275-01

前 言

党的二十大报告指出：教育、科技、人才是全面建设社会主义现代化国家的基础性、战略性支撑。必须坚持科技是第一生产力、人才是第一资源、创新是第一动力，深入实施科教兴国战略、人才强国战略、创新驱动发展战略，这三大战略共同服务于创新型国家的建设。高等教育与经济社会发展紧密相连，对促进就业创业、助力经济社会发展、增进人民福祉具有重要意义。

在当今人工智能迅速发展的时代，Python 程序设计语言已经广泛应用于 Web 开发、科学计算、游戏设计、数据分析等领域。在 IEEE Spectrum 编程语言排名榜中，Python 连续多年排名第一。在 TIOBE 编程社区指数排行榜（编程语言）中，Python 长年位居第一，成为最受欢迎的编程语言。

在学习本书之前请先思考一个问题：随着人工智能技术的快速发展，生成式人工智能已经在各行各业得到了广泛应用，AI 可以帮助人们生成代码，那么还有必要学习 Python 吗？编者认为，答案是肯定的。生成式人工智能展现了强大的知识生成与存储特点，但如果人类不记忆、学习知识，而是由 AI 代替人类的知识记忆，那么人类将无法判别 AI 生成的内容是否正确，它的价值观、所潜藏的文化侵略可能将无法被识别。因此，人们应该认识到 AI 发展的最终目的是辅助人们高效、快速地完成一定的工作。为此，有必要掌握基础的 Python 编程规则，提升计算思维，从而借助 AI 生成的代码，在修改、完善的基础上高效地完成所需项目的开发，为未来教育培养创新型人才做好准备。

本书以 Python 的基础功能为核心，由浅入深、循序渐进地介绍 Python 编程基础技巧。本书内容合理、结构清晰，设计精选案例涵盖全国计算机等级考试二级（Python）的考试经典题目，可帮助读者快速掌握相应知识。

为便于教学，本书提供丰富的配套资源，包括教学课件、电子教案、教学大纲、程序源码、习题答案、在线作业和微课视频。

资源下载提示

数据文件：扫描目录上方的二维码下载。

在线作业：扫描封底的作业系统二维码，登录网站在线做题及查看答案。

微课视频：扫描封底的文泉云盘防盗码，再扫描书中相应章节的视频讲解二维码，可以在线学习。

　　本书是以下课题的研究成果：重庆旅游职业学院 2023 年教学质量与教学改革工程建设项目(YJKG2023001)、重庆市教委 2023 年科学技术研究计划项目(KJQN202304604)、2024 年度中国机械工业教育协会产教科整合课题(ZJJX24CY028)。

　　由于编者水平有限，书中难免会有一些疏漏之处，敬请读者批评指正。

编　者

2025 年 2 月

目 录

资源下载

第1章　走进 Python 编程 ·· 1

1.1　Python 简介 ··· 2

1.2　Python 集成环境的安装 ·· 2

　　1.2.1　Windows 环境下 Python 的安装 ·························· 2

　　1.2.2　Windows 环境下 PyCharm 的安装 ······················· 4

小结 ··· 6

习题 ··· 6

第2章　Python 数据类型 ·· 7

2.1　常量与变量 ··· 8

2.2　数值 ·· 8

　　2.2.1　数值的 4 种类型 ··································· 8

　　2.2.2　数值运算 ··· 10

　　2.2.3　格式化输出 ······································· 11

　　2.2.4　精选案例 ··· 12

2.3　字符串 ··· 14

　　2.3.1　定义字符串 ······································· 14

　　2.3.2　格式化输出字符串 ································· 14

　　2.3.3　字符串读取与切片 ································· 15

　　2.3.4　字符串的操作 ····································· 16

　　2.3.5　数据类型转换 ····································· 19

　　2.3.6　精选案例 ··· 20

2.4　列表 ··· 20

　　2.4.1　列表的创建与删除 ································· 20

　　2.4.2　列表的索引与切片 ································· 21

　　2.4.3　列表的操作 ······································· 22

　　2.4.4　精选案例 ··· 24

2.5　元组 ………………………………………………………………………………… 25

　　2.5.1　元组的创建 ……………………………………………………………… 25

　　2.5.2　元组的操作 ……………………………………………………………… 25

　　2.5.3　元组与列表的转换 ……………………………………………………… 26

2.6　集合 ………………………………………………………………………………… 27

　　2.6.1　集合的创建 ……………………………………………………………… 27

　　2.6.2　集合的操作方法 ………………………………………………………… 27

2.7　字典 ………………………………………………………………………………… 27

　　2.7.1　字典的创建 ……………………………………………………………… 28

　　2.7.2　字典的访问与修改 ……………………………………………………… 28

　　2.7.3　字典的操作 ……………………………………………………………… 29

小结 ……………………………………………………………………………………… 30

习题 ……………………………………………………………………………………… 30

第3章　开始程序设计 …………………………………………………………………… **34**

3.1　程序与算法 ………………………………………………………………………… 35

　　3.1.1　算法定义与特性 ………………………………………………………… 35

　　3.1.2　常用的算法 ……………………………………………………………… 35

　　3.1.3　算法描述 ………………………………………………………………… 36

3.2　Python 语法规则 ………………………………………………………………… 38

　　3.2.1　缩进 ……………………………………………………………………… 38

　　3.2.2　注释 ……………………………………………………………………… 38

3.3　选择结构 …………………………………………………………………………… 39

　　3.3.1　单分支结构 ……………………………………………………………… 39

　　3.3.2　双分支结构 ……………………………………………………………… 40

　　3.3.3　多分支结构 ……………………………………………………………… 40

　　3.3.4　精选案例🎥 ……………………………………………………………… 41

3.4　循环结构 …………………………………………………………………………… 42

　　3.4.1　for 循环结构 ……………………………………………………………… 43

　　3.4.2　while 循环结构 …………………………………………………………… 45

　　3.4.3　break 和 continue 语句🎥 ……………………………………………… 45

　　3.4.4　循环嵌套🎥 ……………………………………………………………… 47

　　3.4.5　精选案例🎥 ……………………………………………………………… 48

3.5　异常处理 …………………………………………………………………………… 59

　　3.5.1　异常类型 ………………………………………………………………… 60

　　3.5.2　异常情况处理🎥 ………………………………………………………… 61

小结 ……………………………………………………………………………………… 64

习题 ……………………………………………………………………………………… 64

第4章　函数与模块 ·· **66**

4.1　函数 ·· 67

4.1.1　函数的定义与调用方法 ······································· 67

4.1.2　函数的参数 ·· 68

4.1.3　变量的作用域 ··· 70

4.1.4　递归函数📹 ·· 71

4.1.5　lambda 匿名函数 ·· 71

4.1.6　精选案例📹 ·· 72

4.2　模块与包 ·· 72

4.2.1　模块 ·· 73

4.2.2　__name__ ·· 74

4.2.3　包 ·· 74

小结 ··· 75

习题 ··· 75

第5章　面向对象 ··· **77**

5.1　面向对象编程介绍 ·· 78

5.2　类与对象 ·· 79

5.2.1　创建类与实例对象 ·· 79

5.2.2　类的属性与实例属性 ·· 80

5.2.3　魔法方法 ·· 81

5.2.4　类方法和静态方法 ·· 82

5.2.5　精选案例📹 ·· 83

5.3　继承、多态与重写 ·· 85

5.3.1　继承 ·· 85

5.3.2　重写 ·· 86

5.3.3　多态 ·· 87

5.3.4　精选案例📹 ·· 88

小结 ··· 89

习题 ··· 89

第6章　文件与文件夹操作 ·· **91**

6.1　文件操作 ·· 92

6.1.1　文件简介 ·· 92

6.1.2　文件操作函数 open() ·· 92

6.1.3　文件对象的属性和方法 ·· 93

6.1.4　精选案例📹 ·· 96

6.2　文件夹操作 ·· 99

6.2.1　os 模块 ·· 99

6.2.2　os.path 模块 ·· 101

6.2.3 精选案例 ······ 102

小结 ······ 103

习题 ······ 103

第 7 章 Python 计算生态 ······ **105**

7.1 标准库 ······ 106

  7.1.1 turtle 库 ······ 106

  7.1.2 random 库 ······ 111

  7.1.3 time 库 ······ 114

  7.1.4 datetime 库 ······ 116

  7.1.5 精选案例 ······ 117

7.2 文本分析 ······ 120

  7.2.1 jieba 库 ······ 121

  7.2.2 wordcloud 词云图 ······ 127

  7.2.3 精选案例 ······ 130

7.3 数据库操作 ······ 133

  7.3.1 数据库简介 ······ 133

  7.3.2 pymysql 库 ······ 136

7.4 数据分析 ······ 138

  7.4.1 numpy 库 ······ 138

  7.4.2 pandas 库 ······ 146

7.5 数据可视化 ······ 155

  7.5.1 matplotlib 模块 ······ 155

  7.5.2 pandas 绘图 ······ 160

  7.5.3 pyecharts 模块 ······ 163

7.6 图形界面设计 ······ 170

  7.6.1 tkinter 模块 ······ 170

  7.6.2 PyInstaller 库 ······ 175

7.7 网络爬虫 ······ 177

  7.7.1 爬虫简介 ······ 177

  7.7.2 requests 库 ······ 178

  7.7.3 BeautifulSoup 库 ······ 181

小结 ······ 188

习题 ······ 189

参考文献 ······ 191

第 1 章

走进Python编程

CHAPTER *1*

【教学目标】

知识目标：
- 了解 Python 的历史、特点和应用范围。
- 掌握 Python 及 PyCharm 的安装步骤。

技能目标：
能够独立完成 Python 及 PyCharm 的安装。

情感与思政目标：
- 激发学生对 Python 编程的兴趣和热情。
- 培养探索精神和创新意识，理解信息技术对国家发展和社会进步的重要性。

【引言】

Python 程序设计语言是什么时候诞生的？它有什么特点？它为什么应用如此广泛且多年来占据编程榜的首位？本章将揭开以上问题的谜底，带领读者走进 Python 的世界，了解 Python 的历史，搭建开发环境，初步感受编写 Python 程序的乐趣。下面就让我们一起开始这段激动人心的 Python 编程之旅吧！

⚲ 1.1　Python 简介

1. Python 的起源与特点

Python 于 1989 年由荷兰人吉多·范罗苏姆(Guido van Rossum)发明,1991 年正式公布。它简洁易上手、开源、免费,是一种解释型高级程序设计语言。它支持命令式编程、面向对象编程、函数式编程,包含完善且易于理解的标准库,这些功能与其他高级程序设计语言相似。

那么,为什么 Python 越来越受到各行各业从业者的欢迎?原因在于其拥有庞大的社区支持,众多开发者编写、维护实现某种功能的库资源并共享到镜像平台,源源不断地扩充着第三方库,使得其拓展性高于其他程序设计语言。在第三方库的支持下,Python 可以将功能拓展到其他领域,如 Python 的 NumPy 库可用于科学计算,pandas 库可用于数据分析,matplotlib、pyecharts 库可用于数据可视化,requests 库可用于发送 HTTP 请求,Django 库可用于 Web 开发,OpenStack 库可用于云计算,Scikit-Learn、TensorFlow 库可用于机器学习,Dash Bio 库可用于生物信息学和药物开发应用,rdkit 库可用于处理和分析分子结构、化学反应、化学属性等信息,等等。因此,Python 成为各领域中人们研究和应用的重要工具。人们熟知的一些国内外网站,如搜狐、金山、腾讯、网易、百度、知乎、淘宝、新浪、谷歌、美国中央情报局、美国国家航空航天局、YouTube、Facebook、豆瓣等,都在使用 Python 完成各种各样的开发任务。

虽然 Python 的功能如此强大,我们依然要认识到,Python 并不是完美的,其运行速度相对较慢且代码不能加密,对于这些不足,开发人员也在研究相应的解决方案并已经有了一些进展。

2. Python 的版本发展

历经 30 多年的发展,Python 的版本不断换代更新,目前主要发行的有 2.x 版本和 3.x 版本。相比而言,Python 3.x 版本提供了更好的特性、更清晰的语法,兼容性强,支持更多的第三方库,且 Python 官方已经在 2020 年停止了对 Python 2.x 版本的维护,因此对于新手学习和开发来说,推荐使用 Python 3.x 版本。由于 Python 的版本会不断更新优化功能,截至 2024 年 4 月,Python 最新稳定版本为 3.12,本书将使用此版本来配置学习开发环境。

⚲ 1.2　Python 集成环境的安装

1.2.1　Windows 环境下 Python 的安装

1. 下载

登录 Python 官网 https://www.python.org/,单击 Downloads,再单击 Downloads

Python 3.12.3 按钮,如图 1-1 所示。页面下方有 Python 其他版本,也可根据计算机的配置进行选择。

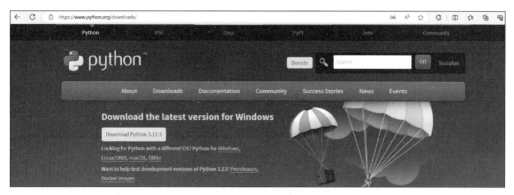

图 1-1　Python 下载

2. 安装

双击刚下载的文件 python-3.12.3-amd64.exe,启动安装引导进程,勾选最下方的 Add python.exe to PATH 复选框,如图 1-2 所示。然后单击 Install Now 或 Customize installation 均可进行安装,其中,前者为默认安装方式,后者为自定义安装方式,自定义安装方式下可以更改安装目录,设置软件使用权限等,一般选择 Install Now 的默认安装方式即可。

图 1-2　安装选项

3. 运行

安装完成后,要检查 Python 3.12 是否安装成功,在"开始"菜单中可查看到已安装的 Python 程序,如图 1-3 所示。

Python 程序有两种使用方式:第一种是解释器,即 Python 3.12(64-bit),由于 Python 是一门解释型语言,其功能主要是进行翻译,因此解释器必不可少;第二种是 Python 自带的集成开发和学习环境 IDLE(Python 3.12 64-bit),它比解释器更灵活,提供了编辑器、交

图 1-3 "开始"菜单

互式解释器、调试器等功能。接下来分别体验这两种使用方式。

(1) 启动 Python 3.12(64-bit),输入"1+2",按 Enter 键,可查看到结果:3,如图 1-4 所示。

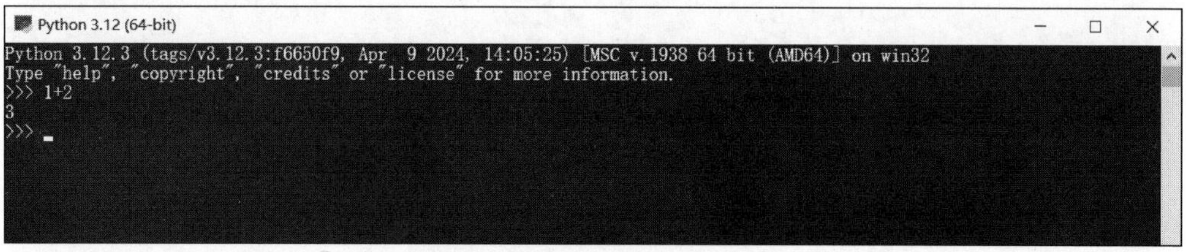

图 1-4 Python 3.12 基本界面

(2) 启动 IDLE(Python 3.12 64-bit),输入"1+2",按 Enter 键,也可以查看到结果:3,如图 1-5 所示。

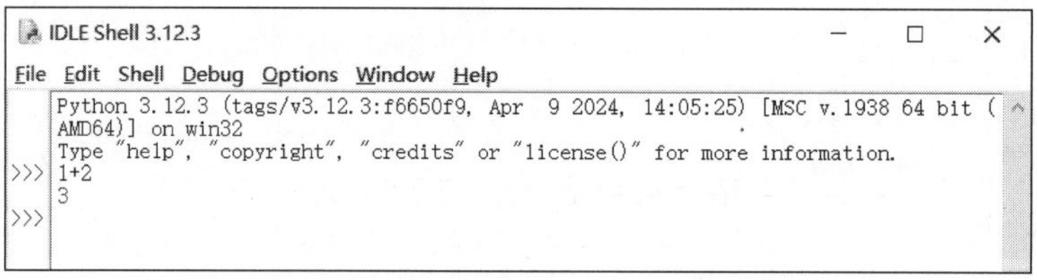

图 1-5 IDLE Shell 3.12 运行界面

运行得到以上结果,表明 Python 程序安装成功。

1.2.2 Windows 环境下 PyCharm 的安装

PyCharm 是由 JetBrains 公司推出的一款专为 Python 语言设计的集成开发环境 (IDE),适用于 Python 专业开发人员,它提供了一套完备高效的开发工具,如代码分析、语法高亮、项目管理、框架支持、跨平台性等,适合从刚起步的学习者到专业开发人员使用。它旨在通过提供强大的功能模块、多样化的工具选项以及直观的用户界面,帮助用户更高效地编写和管理 Python 代码。

1. 下载

登录 https://www.jetbrains.com/zh-cn/pycharm/,在如图 1-6 所示的下载页面中,可以看到 PyCharm 提供了两个版本:Professional(专业版)和 Community Edition(社区版)。其中,Professional(专业版)的功能更为丰富和完备,适用于数据科学和 Web 开发,支持 HTML、JS 和 SQL,但需要付费。Community Edition(社区版)开源免费,仅适用于纯

Python 开发。本书以免费的社区版为学习开发环境。在当前页面中，另提供了 macOS 和 Linux 操作系统的相应版本，用户可根据计算机的操作系统进行下载。

图 1-6　PyCharm 下载页面

2．安装运行

下载好安装包 pycharm-community-2024.1.exe 后，双击直接安装即可，要注意的是图 1-7 中要勾选所有选项，为其配置好环境。

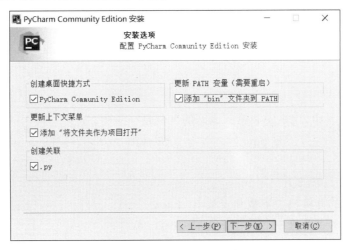

图 1-7　PyCharm 的安装过程

PyCharm 的工作界面如图 1-8 所示。

图 1-8   PyCharm 的工作界面

小结

本章内容思维导图如图 1-9 所示。

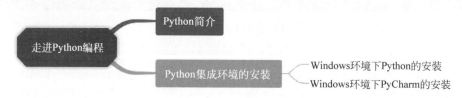

图 1-9   第 1 章内容思维导图

习题

在线测试

一、选择题

在 Python 语言中,用来安装第三方库的工具是(   )。

A. install   B. pip   C. PyQt5   D. pyinstaller

二、操作题

1. 请在自己的计算机中下载和安装 Python。
2. 请在自己的计算机中下载和安装 PyCharm 软件。
3. 请使用 IDLE 编写一个简单的程序,并尝试运行它。
4. 请使用 PyCharm 编写一个简单的程序,并尝试运行它。

第2章

Python数据类型

【教学目标】

知识目标：
- 理解常量与变量的概念。
- 熟悉列表、元组、集合和字典等数据结构及其操作方法。

技能目标：
- 掌握 Python 中的数值类型及其运算。
- 学会字符串的定义、操作和格式化输出。
- 能够熟练使用各种数据类型进行编程，解决实际问题。

情感与思政目标：
- 培养学生严谨、细致的编程习惯。
- 培养数据安全和隐私保护意识，养成良好的数据处理习惯。

【引言】

程序＝数据结构＋算法。程序的开发离不开数据，数据是对客观事物的描述，那么，数据有哪些形态？如何对数据进行灵活使用？本章将带领读者了解 Python 中的数据类型。

2.1　常量与变量

1. 常量

在程序执行过程中需要大量的数据来参与运算,常量是不变的数据,用于描述客观事物的属性。人们常用的数字(0,1,2,1.5,−1,−2,⋯)、中文文字("计算机""程序""苹果""红色"……)、英文文字("python""student"⋯)等,均为常量。常量的数据类型包括数值、字符串、列表、元组、集合、字典,下文将会对每一种数据类型进行详细讲解。

2. 变量

程序设计中有时会需要变化的数据来提高程序的灵活性,因此出现了变量。变量是用户自定义的有名字的存储单元,其命名一般遵循以下规则。

(1) 变量名可以包含数字或字母和下画线。

(2) 变量名不能以数字开头。

(3) 变量名区分大小写。

(4) 变量名不宜太长,最好有一定的含义。

(5) 保留字不能用作变量名。

在 PyCharm 中输入以下代码,可查看保留字。

```
import keyword
print(keyword.kwlist)
```

Python 保留字有 35 个: 'False', 'None', 'True', 'and', 'as', 'assert', 'async', 'await', 'break', 'class', 'continue', 'def', 'del', 'elif', 'else', 'except', 'finally', 'for', 'from', 'global', 'if', 'import', 'in', 'is', 'lambda', 'nonlocal', 'not', 'or', 'pass', 'raise', 'return', 'try', 'while', 'with', 'yield'。

根据上述要求,常用的变量名有 i,s,a,b,x,y,a1,x1,sum,p_stu,list_01,dict_p 等。

在使用变量时,需要对其赋值,如 i=0,表示将 i 这一变量的值赋为 0; a="python",表示将 a 变量的值赋为"python"。

2.2　数值

2.2.1　数值的 4 种类型

1. 整型

数值数据中最常见的是整型(int)数据,Python 整数的取值范围是无限的,不管多大或者多小的数字,Python 都能轻松处理。

例 2-1：定义整数 10 和 20，并输出两数之和。

```
a,b = 10,20
print(a + b)
```

执行结果为：30

例 2-2：定义整数 99999999999999999999999991，并输出它的 3 倍。

```
a = 99999999999999999999999991
print(a * 3)
```

执行结果为：299999999999999999999999973

2．浮点型

浮点型(float)是带有小数部分的数值，并且可以有正负号，例如，12.1、95.8 或 −22.0。除了常规的小数表示外，Python 还支持使用科学记数法来表示浮点数。科学记数法的形式是 mEe 或 $m$ee，其中，m 是尾数(Mantissa)，e 是指数(Exponent)。例如，3.14e10 表示 3.14×10^{10}。

例 2-3：计算 100−95.5，并输出结果。

```
a,b = 100,95.5
print(a - b)
```

执行结果为：4.5

3．复数类型

Python 中的复数类型(complex)用于表示具有实部和虚部的数值，形式为 $a + b$j，其中，a 是实部，b 是虚部，j 是虚数单位。例如，1+2j 表示一个实部为 1，虚部为 2 的复数。Python 的复数运算与数学中的复数运算完全一致。

例 2-4：计算复数 1+2j 与 3+3j 的和，并输出结果。

```
a = 1 + 2j
b = 3 + 3j
print(a + b)
```

执行结果为：(4+5j)

4．布尔类型

布尔类型(bool)是一种与逻辑相关的数据类型，只有 True 和 False 两个值。在 Python 中，布尔值是整数类型的一个子类，其中，True 等同于整数 1，False 等同于整数 0。因此，布尔值可以相加，相加之后类型就会转换为 int 类型。

例 2-5：计算布尔值 True 和 False 的和，以及 True 和 True 的和，并输出结果。

```
a = True
b = False
c = True
print(a + b,a + c)
```

执行结果为：1,2

2.2.2　数值运算

Python 中数据的运算主要包括算术运算(如＋、－、＊、/)、比较运算(如>、<、>＝)、位运算(如＆、|、～、<<),以及逻辑运算(and,or,not)、成员运算(in,not in)等。在运算时有一定的优先级,在同等优先级的情况下,按从左到右的顺序依次运算。运算符的详细使用说明见表 2-1。

表 2-1　Python 运算符

运算符	功 能 描 述	示　　例	优先级
$-x$	负号	表示负数,如－5	1
＋	加法运算	3＋5,结果为 8	4
－	减法运算	3－5,结果为－2	4
＊	乘法运算	3＊5,结果为 15	3
/	除法运算	5/3,结果为 1.66666666666666667	3
//	整除运算	9//2,结果为 4	3
％	取余运算	5％3,结果为 2	3
＊＊	乘方运算	3＊＊5,表示 3 的 5 次方,结果为 243	2
＾	异或运算	5＾3 的结果为 6,以二进制数运算	5
＆	与运算	5＆3 结果为 1,以二进制数运算	5
|	或运算	5|3 的结果为 7,以二进制数运算	5
<<	左移运算	5<<2 的结果为 20,以二进制数运算	5
>>	右移运算	5>>1 的结果为 2,以二进制数运算	5
～	按位取反	～3 的结果为－4	1
＝＝	等于	(3＝＝5) 返回 False	6
!=	不等于	(3!＝5) 返回 True	6
>	大于	(3>5) 返回 False	6
<	小于	(3<5) 返回 True	6
>＝	大于或等于	(3>＝5) 返回 False	6
<＝	小于或等于	(3<＝5) 返回 True	6
in	如果在指定的序列中找到值则返回 True,否则返回 False	x in y 如果 x 在 y 序列中返回 True	6
not in	如果在指定的序列中没有找到值则返回 True,否则返回 False	x not in y 如果 x 不在 y 序列中返回 True	6
is	如果两个变量是同一个对象,在同一个内存地址,则返回 True	a＝[1,2,3],b＝a,b is a 执行结果为 True	6
is not	如果两个变量不是同一个对象,不在同一个内存地址,则返回 True	a＝[1,2,3],b＝[1,2,3], b is not a 执行结果为 True	6
and	仅当 a、b 二者都为 True 时,结果才为 True	0 and 5,结果为 0	6
or	只要 a、b 二者之一为 True 时,结果为 True	0 or 5,结果为 5	6
not	如果 x 为 True,返回 False。如果 x 为 False,返回 True	not(0 and 5),结果为 True	6

2.2.3　格式化输出

在程序设计中,对数值数据进行运算后,往往需要将其以某种格式输出,如保留一位小数、将十进制数的计算结果转换为二进制数、输出科学记数法的格式等,如何用 Python 语言描述? 输出语句 print()可以实现这些功能。

1. 输出语句 print()

要输出数据,必然要用到一个内置函数 print(),其完整格式为

print(values,sep,end,file,flush)

values:对象,表示可以一次输出多个对象,输出多个对象时,需要用逗号分隔。

sep:用来间隔多个对象,默认值是一个空格。

end:用来设定以什么结尾。默认值是换行符\n,也可以换成其他字符串。

file:要写入的文件对象。

flush:输出是否被缓存通常决定于 file,但如果 flush 关键字参数为 True,流会被强制刷新。

一般来讲,前三个参数比较常用。

例 2-6:执行以下代码,查看结果。

视频讲解

```
a = 1
b = 2
c = 3
print(a,b,sep = "、",end = ",")
print(c)
```

执行结果为:1、2,3

2. 输出格式

1) 使用%操作符

这是较旧的字符串格式化方式,借鉴自 C 语言,不推荐使用。%操作符的表示及含义如表 2-2 所示。

表 2-2　%操作符的表示及含义

符　号	描　　　述	符　号	描　　　述
%c	格式化字符及其 ASCII 码	%f	格式化浮点数,可指定小数点后的精度
%s	格式化字符串	%e	用科学记数法格式化浮点数
%d	格式化整数	%E	作用同%e,用科学记数法格式化浮点数
%u	格式化无符号整型	%g	%f 和%e 的简写
%o	格式化无符号八进制数	%G	%f 和 %E 的简写
%x	格式化无符号十六进制数	%p	用十六进制数格式化变量的地址
%X	格式化无符号十六进制数(大写)		

例 2-7:a=10,b=99.5678,将 a 和 b 的值输出,并将 b 保留 2 位小数,用%操作符实现输出。

```
a = 10
b = 99.5678
print("The number is %d" % a)
print("The number is %.2f" % b)
```

执行结果:

```
The number is 10
The number is 99.57
```

2) 使用.format()方法

通过大括号{}作为占位符来进行格式化。

例 2-8:将 a 和 b 的值输出,并将 b 保留 2 位小数,用 format()方法实现输出,得到与例 2-7 同样的输出结果。

```
a = 10
b = 99.5678
print("The number is {}".format(a))
print("The number is {:.2f}".format(b))
```

3) 使用 f-string

即在字符串前加上 f 或 F,并在字符串内部使用{}来包含变量或表达式。f-string 的方法从.format()方法演化而来,使用更为简便,建议使用。

例 2-9:将 a 和 b 的值输出,并将 b 保留 2 位小数,用 f-string 实现输出,得到与例 2-7 同样的输出结果。

```
a = 10
b = 99.5678
print(f"The number is {a}")
print(f"The number is {b:.2f}")
```

注意:在格式控制中,“:”之后用<填充>+<对齐>+<宽度>+<精度>+<类别>,可对数据进行更精确的输出。“^”表示居中,“<”表示左对齐,“>”表示右对齐,如{b:@^40,.2f}表示将变量 b 的值以 40 宽度居中对齐,显示为两位小数位数的浮点数,未填满的位置由@填充,输出结果为@@@@@@@@@@@@@@@@@99.57@@@@@@@@@@@@@@@@@@@@@。

视频讲解

2.2.4   精选案例

1. 超市收银抹零

在商店买东西时,可能会遇到这样的情况:挑选完商品进行结算时,商品的总价可能会带有 0.1 元或 0.2 元的零头,商店老板在收取现金时经常会将这些零头抹去。假设购买了两件商品,每件商品的单价和数量需要用户手动输入。本实例要求编写程序,模拟实现超市收银抹零行为。

分析:

第 1 步,分别使用 input 语句获取用户购买的商品单价和数量。

第 2 步,需要将获取到的用户输入数据转换为 float 类型。

第 3 步，计算商品总价。

第 4 步，输出保留 0 位小数位数的总价。

编写代码如下。

```
p1 = float(input("请输入第一件商品单价:"))
c1 = float(input("请输入第一件商品数量:"))
p2 = float(input("请输入第二件商品单价:"))
c2 = float(input("请输入第二件商品数量:"))
s = p1 * c1 + p2 * c2
print(f"请付款:{s:.0f}")
```

2. 数字输出格式

键盘输入正整数 n，按要求把 n 输出到屏幕，格式要求：宽度为 20 字符，以减号字符一填充，右对齐，带千位分隔符。如果输入正整数超过 20 位，则按真实长度输出。

分析：本例使用 eval() 将输入的数据转换为 int 型，然后按照 format() 格式的要求输出指定格式。

编写代码如下。

```
n = eval(input('请输入正整数:'))
print('{:->20,}'.format(n))
```

3. 十六进制数格式化输出

获得用户输入的一个数字，对该数字以 30 字符宽度、十六进制、居中输出，字母小写，多余字符采用双引号(")填充。

分析：根据题意，重点在于输出格式{:"^30x}。

编写代码如下。

```
s = input("请输入一个数字:")
print('{:"^30x}'.format(eval(s)))
```

4. 浮点数格式化输出

获得用户输入的浮点数，以 10 字符宽度、靠右输出这个浮点数，小数点后保留 2 位数。

示例如下(其中数据仅用于示意)。

请输入一个浮点数：2.4

浮点数是：2.40

请输入一个浮点数：5.98320

浮点数是：5.98

分析：本题考查的仍然是 format() 的输出格式{:>10.2f}。

编写代码如下。

```
f = eval(input("请输入一个浮点数:"))
print("浮点数是:{:>10.2f}".format(f))
```

🔑 2.3 字符串

字符串是除数值外应用最广泛的一种常量。字符串的类型是 str,它支持 Unicode 字符集,可以包含任何语言的字符。Python 中的字符串是不可变的。

2.3.1 定义字符串

字符串的定义比较灵活,一般使用英文状态下的一对引号表示,可以使用一对单引号、双引号或三引号,其中,三引号通常用于定义多行字符。

例 2-10:以下三种方式均可定义相同的字符串。

```
str1 = 'hello,world'
str2 = "hello,world"

str3 = '''hello,world'''
```

在定义字符串时,有时字符串中含有单引号,这时需要对它进行转义,即在前面加一个\。或者使用不同类型的引号也可以解决问题。

例如,对字符串 doesn't 进行定义时,要改写为 doesn\'t。

有时,也希望在字符串中包含换行符\n 和回车符\r 等特殊字符,这时就需要使用转义字符进行表示,常用转义字符及其含义如表 2-3 所示。

表 2-3   常用转义字符及其含义

转 义 字 符	描 述	转 义 字 符	描 述
\(在行尾时)	续行符	\n	换行
\\	反斜杠符号	\t	横向制表符
\'	单引号	\r	回车
\"	双引号	\v	纵向制表符
\b	退格(BackSpace)	\f	换页

如果不希望前置\的字符转义成特殊字符,可以使用原始字符串,在引号前添加 r 即可。

例 2-11:执行以下代码。

```
s1 = "欢迎\t 来到 Python 世界。"
s2 = r"欢迎\t 来到 Python 世界。"
print(s1)
print(s2)
```

执行结果:

```
欢迎    来到 Python 世界。
欢迎\t 来到 Python 世界。
```

在例 2-11 中,s1 中的\t 输出为制表符;在 s2 中\t 则显示为其本身的字符。

2.3.2 格式化输出字符串

字符串的格式化输出方式与数值的输出方式类似,也包含%、.format()和 f-string 方法,由于 f-string 最为简单,在后文主要采用其作为输出方法。

例 2-12:分别用％、.format()和 f-string 方法输出自我介绍。

视频讲解

```
name = "Amy"
age = 20
print("我叫 % s,今年 % d 岁了。" % (name,age))
print("我叫{},今年{}岁了。".format(name,age))
print(f"我叫{name},今年{age}岁了。")
```

执行结果:

```
我叫 Amy,今年 20 岁了。
我叫 Amy,今年 20 岁了。
我叫 Amy,今年 20 岁了。
```

2.3.3　字符串读取与切片

字符串是不变的,但有时进行数据处理时需要提取字符串中的元素,因此,字符串的每个元素可以根据其索引位置进行读取,从左到右依次从 0 开始编号,也可以从右到左逆向编号,从-1 开始,具体索引编号如表 2-4 所示。

表 2-4　字符串的索引编号

正向索引	0	1	2	3	4	5	6	7	8	9
字符串	这	是	一	个	有	趣	的	字	符	串
反向索引	-10	-9	-8	-7	-6	-5	-4	-3	-2	-1

1. 单个字符的提取

通过索引号(下标)提取某一个数据元素,操作方式:字符串名[索引号]。
例如,s = "这是一个有趣的字符串"。
要读取其中的"趣"字,可以使用 s[5]或 s[-5]表示。

2. 字符串切片

切片是 Python 序列数据的重要操作之一,适用于字符串、列表、元组、range 对象等,通过指定索引范围获得一组有序的元素。
操作方式:字符串名[开始索引:结束索引:步长]。注意切片使用规则:前包后不包,步长默认是 1,可以是负数。
例如,s = "这是一个有趣的字符串"。
读取"有趣的",可以使用 s[4:7]或 s[-4:-7]表示。
读取偶数位置的字符,使用 s[::2]。
读取全部字符串,使用 s[::]。
逆序显示字符串,使用 s[::-1]。

2.3.4 字符串的操作

1. 字符串运算

运算符用于执行程序代码运算,会针对一个以上的操作数项目来进行运算。字符串的操作运算符主要有+(加法)、*(乘法)、in(成员包含判断)等,具体使用方法如表 2-5 所示。

表 2-5　字符串运算符

运　算　符	描　　述	示　　例	执 行 结 果
+	字符串的拼接	"py"+"thon"	"python"
*	字符串的重复	"hello" * 3	"hellohellohello"
in	成员运算符,判断元素是否存在	't' in python	True
not in	成员运算符,判断元素是否不存在	'T' not in 'python'	True

2. 内置函数对字符串的操作

Python 提供了对字符串进行处理的函数,可以直接在字符串外部进行调用,常见的有 len(s),用于计算字符串 s 的长度。字符串的内置函数如表 2-6 所示。

表 2-6　字符串的内置函数

函数及使用	描　　述	示　　例	执 行 结 果
len(s)	返回字符串 s 的长度	len("0123456789")	10
hes(s)	返回整数 s 的十六进制形式	hex(425)	0x1a9
oct(s)	返回整数 s 的八进制形式	oct(425)	0o651
chr(s)	s 为 Unicode 编码,返回其对应的字符	chr(65)	A
ord(s)	s 为字符,返回其对应的 Unicode 编码	ord("A")	65

3. 字符串的操作方法

字符串在处理文本内容的时候使用较频繁,其包含多种方法可以高效使用。通过 Python 内置函数 dir(s)可查看字符串类型所具备的方法和属性如下。

['__add__', '__class__', '__contains__', '__delattr__', '__dir__', '__doc__', '__eq__', '__format__', '__ge__', '__getattribute__', '__getitem__', '__getnewargs__', '__getstate__', '__gt__', '__hash__', '__init__', '__init_subclass__', '__iter__', '__le__', '__len__', '__lt__', '__mod__', '__mul__', '__ne__', '__new__', '__reduce__', '__reduce_ex__', '__repr__', '__rmod__', '__rmul__', '__setattr__', '__sizeof__', '__str__', '__subclasshook__', 'capitalize', 'casefold', 'center', 'count', 'encode', 'endswith', 'expandtabs', 'find', 'format', 'format_map', 'index', 'isalnum', 'isalpha', 'isascii', 'isdecimal', 'isdigit', 'isidentifier', 'islower', 'isnumeric', 'isprintable', 'isspace', 'istitle', 'isupper', 'join', 'ljust', 'lower', 'lstrip', 'maketrans', 'partition', 'removeprefix', 'removesuffix', 'replace', 'rfind', 'rindex', 'rjust', 'rpartition', 'rsplit', 'rstrip', 'split', 'splitlines', 'startswith', 'strip', 'swapcase', 'title', 'translate', 'upper', 'zfill']

字符串的主要操作方法如表 2-7 所示。

表 2-7　字符串的主要操作方法

方　　法	说　　明
s.isalpha()	如果 s 只包含字母,则返回 True
s.isnumeric()	如果 s 只包含数字,则返回 True
s.isspace()	如果 s 只包含空格,则返回 True
s.isalnum()	如果 s 只包含字母或数字,则返回 True
s.isdigit()	如果 s 只包含数字,则返回 True,不包括汉字数字、罗马数字、小数
s.istitle()	如果 s 是标题化的(每个单词的首字母大写),则返回 True
s.islower()	如果 s 的所有字符都是小写,则返回 True
s.isupper()	如果 s 的所有字符都是大写,则返回 True
s.capitalize()	把 s 的第一个字符大写
s.title()	把 s 的每个单词首字母大写
s.lower()	转换 s 中所有大写字母为小写
s.upper()	转换 s 中的所有小写字母为大写
s.swapcase()	翻转 s 中的大小写
s.startswith(str)	检查 s 是否是以 str 开头,是则返回 True
s.endswith(str)	检查 s 是否是以 str 结束,是则返回 True
s.find(str, start,end)	检测 str 是否包含在 s 中,如果 start 和 end 指定范围,则检查是否包含在指定范围内,用于返回第一次出现的索引值,如不存在返回−1
s.rfind(str, start=0, end=len(s))	类似于 find(),返回最后一次出现的索引值
s.index(str, start=0, end=len(s))	跟 find()方法类似,不过如果 str 不在 s 中会报错
s.rindex(str, start=0, end=len(s))	类似于 index(),不过是从右边开始
s.replace(old_str, new_str,num)	把 s 中的 old_str 替换成 new_str,如果 num 指定,则替换不超过 num 次
s.lstrip()	去除 s 左边(开始)的空白字符
s.rstrip()	去除 s 右边(末尾)的空白字符
s.strip()	去除 s 左右两边的空白字符,当填写长度大于或等于 2 的字符串的时候,则首尾的所有字符串内有的字符都要删除
s.split(str=" ", num)	以 str 为分隔符拆分 s,如果 num 有指定值,则仅分隔 num+1 个子字符串, str 默认包含'\r', '\t', '\n' 和空格
s.join(seq)	以 s 作为分隔符,将 seq 中所有的元素(的字符串表示)合并为一个新的字符串

例 2-13：已知 s="AdMin",检测 s 是否大写、小写,并将其改为大写。

```
s = "AdMin"
print(s.isupper())              #执行结果:False
print(s.islower())              #执行结果:False
s_new = s.upper()
print(s_new.isupper())          #执行结果:False
print(s_new.islower())          #执行结果:False
```

例 2-14：已知 s1="12345",s2="python123",查看 s1 和 s2 是否为数字、字母。

```
s1 = "12345"
s2 = "python123"
```

```
print(s1.isnumeric())                    #执行结果:True
print(s1.isalpha())                      #执行结果:False
print(s2.isnumeric())                    #执行结果:False
print(s2.isalpha())                      #执行结果:False
```

例 2-15：查找字符"t"和"m"在字符串"student"中的情况,并将"student"中的"s"替换为"t"。

```
a = "t"
b = "m"
s3 = "student"
print(s3.index(a))                       #执行结果:1
print(s3.index(b))                       #执行结果:报错
print(s3.find(a))                        #执行结果:1
print(s3.find(b))                        #执行结果: - 1
print(s3.replace('s', "t"))              #执行结果:ttudent
```

例 2-16：定义字符串 s = 'aabbbabcccaba',查找在 1~8 的索引范围内字符"a"出现的次数。

```
s = 'aabbbabcccaba'
print(s.count("a",1,8))
```

执行结果：

```
2
```

视频讲解

例 2-17：定义字符串 s = " [500]元   ",完成以下小任务。

(1) 仅去除左边空格。

(2) 仅去除右边空格。

(3) 去除所有空格。

(4) 将 s 处理为"500"。

```
s = " [500]元 "
print(s.lstrip())
print(s.rstrip())
print(s.strip())
print(s.strip().strip("[]元"))
```

执行结果：

```
[500]元
   [500]元
[500]元
500
```

例 2-18：定义字符串" hello, \t 编程 ",将其处理为"hello,编程"的字符串。

```
s = '  hello,  \t编程 '
slist = s.strip().split()
s_new = "".join(slist)
print(s_new)
```

执行结果：

```
hello,编程
```

例 2-19：定义字符串 s＝"www.baidu.com"，以"."为分隔符，将其处理为三个字符串。

```
s = 'www.baidu.com'
s_p = s.split(".",2)
print(s_p)
```

执行结果：

```
['www', 'baidu', 'com']
```

2.3.5　数据类型转换

Python 中的数据类型较为灵活，在定义变量时，不需要定义其数据类型，可以直接使用，Python 会自动识别常用的类型，如 a＝2，解释器会自动识别到 a 为 int 型，如果需要将 a 转换为字符串，可使用 b＝str(a)直接将 a 的 int 型数据转变为 str 型，并赋值到变量 b。用 type(a)可以查看变量的数据类型。对数据类型转换的常用内置函数如表 2-8 所示。

表 2-8　数据类型转换的常用内置函数

函　　数	描　　述
int(x [,base])	将 x 转换为一个整数
float(x)	将 x 转换为一个浮点数
complex(real [,imag])	创建一个复数
str(x)	将对象 x 转换为字符串
repr(x)	将对象 x 转换为表达式字符串
abs(x)	返回对象 x 的绝对值
round(x,n)	返回浮点数 x 四舍五入为 n 位小数位数的值
eval(str)	计算在字符串中的有效 Python 表达式，并返回一个对象
tuple(s)	将序列 s 转换为一个元组
list(s)	将序列 s 转换为一个列表
set(s)	将序列 s 转换为可变集合
dict(d)	创建一个字典。d 必须是一个(key,value)元组序列
frozenset(s)	将序列 s 转换为不可变集合
chr(x)	将一个整数转换为一个字符
ord(x)	将一个字符转换为它的整数值
hex(x)	将一个整数转换为一个十六进制字符串
oct(x)	将一个整数转换为一个八进制字符串

例 2-20：执行以下代码，可查看到变量 a、b、c 的数据类型分别是 int、str 和 float。

```
a = 2
print(type(a))
b = str(a)
print(type(b))
c = float(a)
print(type(c))
```

执行结果：

```
<class 'int'>
<class 'str'>
<class 'float'>
```

有时数据不是程序中定义好的,而需要由用户来输入,这时需要使用 input() 来获取。

例 2-21：要求用户输入一个数字,查看获取到的数据类型并输出。

```
a = input("请输入一个数字:")
print(type(a))
```

不论用户输入的内容为数字或字符串,其结果均为

```
< class 'str'>
```

由此可以看出,input() 获取到的用户输入数据为 str 类型,在进行计算时,需要将数据转换为其他数据类型。

例 2-22：将用户输入的数字加 2,并输出结果。

```
a = input("请输入一个数字:")
print(a + 2)
b = int(input("请输入一个数字:"))
print(b + 2)
```

在执行代码时发现,print(a+2) 会报错,提示"can only concatenate str（not "int"）to str",即数据类型 str 不能与 2 相加,而 print(b+2) 可以正常输出结果。

视频讲解

2.3.6　精选案例

从键盘输入一个 9800～9811 的正整数 n,作为 Unicode,把 $n-1$,n 和 $n+1$ 三个 Unicode 编码对应字符按照如下格式要求输出到屏幕：宽度为 11 个字符,以加号字符"+"填充,居中。

例如：键盘输入 9802,屏幕输出＋＋＋＋???＋＋＋＋。

分析：本题考查字符串转变函数 chr(),将 Unicode 编码转变为字符,以及输出格式 format() 的用法。

编写代码如下。

```
n = eval(input("请输入一个数字:"))
print("{: +^11}".format(chr(n - 1) + chr(n) + chr(n + 1)))
```

2.4　列表

当程序设计中要用到多个数据时,为了便于数据存储与管理,Python 提供了列表(list)这一数据类型。列表用方括号表示,可以存储多个不同类型的数据。列表是一种有序、可变的序列类型,可以进行增加、删除、修改元素等操作。

2.4.1　列表的创建与删除

1. 列表的创建

创建一个列表,只需要把以逗号分隔的不同的数据项用方括号括起来即可。
创建列表常用的方法有以下 4 种。

（1）创建空列表。

```
list1 = []
```

（2）创建有元素的列表。

```
list2 = [1,2,"a", "b", "c", "d", "e"]
```

（3）将字符串转换为列表。

```
list3 = list("python")
```

（4）将字符串分隔为列表。

```
list5 = list("You can do whatever you put your mind to.".split())
```

2. 列表的删除

删除列表对象，可以用 del list 来实现。del 可以通用于对任意对象的删除，后文不再赘述。

2.4.2　列表的索引与切片

列表的索引与切片方法与字符串相同。

例 2-23：已知列表 list1＝["重庆","北京","上海","天津",2,5,78,3,45,19]，要求：
（1）读取 list1 中最后一个元素。
（2）读取 list1 中第二个元素。
（3）读取 list1 中的所有元素。
（4）读取 list1 中的前三个元素。
（5）读取 list1 中最后三个元素。
（6）读取 list1 中的奇数位置的元素。
（7）逆向输出 list1 中的所有元素。

```
list1 = ["重庆","北京","上海","天津",2,5,78,3,45,19]
print(list1[-1])
print(list1[1])
print(list1[::])
print(list1[:3])
print(list1[-3::])
print(list1[1::2])
print(list1[::-1])
```

执行结果：

```
19
北京
['重庆', '北京', '上海', '天津', 2, 5, 78, 3, 45, 19]
['重庆', '北京', '上海']
[3, 45, 19]
['北京', '天津', 5, 3, 19]
[19, 45, 3, 78, 5, 2, '天津', '上海', '北京', '重庆']
```

2.4.3 列表的操作

1. 列表的运算

列表的运算与字符串类似，列表运算符如表 2-9 所示。以两个列表为例：list1＝[1,2,3]，list2＝['a','b','c']。

表 2-9   列表运算符

运 算 符	描　述	示　例	执 行 结 果
＋	连接两个列表，得到一个新列表	list1＋list2	[1, 2, 3,'a', 'b', 'c']
*	用于列表和整数相乘，表示序列重复，返回新列表	list1 * 3	[1, 2, 3, 1, 2, 3, 1, 2, 3]
in	成员运算符，判断元素是否存在	2 in list1	True
not in	成员运算符，判断元素是否不存在	2 not in list2	True

2. 内置函数对列表的操作

Python 提供了对列表进行处理的函数，可以直接在列表外部进行调用。常用的内置函数如表 2-10 所示。

表 2-10   列表的内置函数

内 置 函 数	说　明
max(list)	返回列表中的最大值
min(list)	返回列表中的最小值
sum(list)	返回列表中元素之和
len(list)	返回列表元素个数
sorted(list,reverse＝)	对列表元素进行排序，True 为降序，False 为升序

视频讲解

例 2-24：已知列表 list1＝[2,5,78,3,45,19]，要求：

（1）计算 list1 中列表元素的个数。

（2）计算 list1 中的最大值、最小值。

（3）计算 list1 中的数字之和。

（4）对列表中的数字按降序排序。

```
list1 = [2,5,78,3,45,19]
print(len(list1))                 ♯执行结果:6
print(max(list1))                 ♯执行结果:78
print(min(list1))                 ♯执行结果:2
print(sum(list1))                 ♯执行结果:152
list1_new = sorted(list1,reverse = True)
print(list1)                      ♯执行结果:[2, 5, 78, 3, 45, 19]
```

3. 列表的操作方法

Python 提供了很多列表的操作方法。常用的操作方法如表 2-11 所示。

表 2-11　列表的操作方法

方　　法	说　　明
list. append(x)	在列表 list 的尾部追加元素 x
list. extend(listA)	将列表 listA 中所有元素追加至列表 list 的尾部
list. insert(index，x)	在列表 list 的 index 位置处插入 x，该位置之后的所有元素自动向后移动，索引加 1
list. remove(x)	删除列表 list 中第一个值为 x 的元素
list. pop([index])	删除并返回列表 list 中下标为 index 的元素，index 默认为－1
list. index(x)	返回 x 在列表 list 中第一次出现的索引位置
list. count(x)	返回 x 在列表 list 中出现的次数
list. reverse()	对列表 list 的所有元素进行逆序
list. sort(key＝None，reverse＝False)	对列表 list 中的元素进行排序，key 用来指定排序规则，reverse 为 False 表示升序，为 True 表示降序
list. clear()	清空列表
list. copy()	复制列表

例 2-25：列表元素的增加。对 alist＝[1，4，3，4，6，8]完成以下操作。

（1）在列表末尾增加字符"a"。

（2）在索引号为 2 的位置增加字符"a"。

（3）在列表末尾追加一个列表["a","b","c","d"]。

```
alist = [1, 4, 3, 4, 6, 8]
alist.append("a")
alist.insert(2,"a")
blist = ["a","b","c","d"]
alist.extend(blist)
print(alist)
```

执行结果：

```
[1, 4, 'a', 3, 4, 6, 8, 'a', 'a', 'b', 'c', 'd']
```

例 2-26：对 alist＝['a'，2，'a'，5，6，7，8,'a','b','c']进行列表元素的统计、查询、修改与删除。

（1）统计"a"在列表中出现的次数。

（2）查看"a"第一次出现的索引位置。

（3）将第一个"a"改为"m"。

（4）删除列表最后一个元素。

（5）删除指定元素"m"。

（6）删除第二个元素。

（7）删除所有元素。

（8）删除 alist 列表。

```
alist = ['a', 2, 'a', 5, 6, 7, 8,'a','b','c']
print(alist.count("a"))          #输出结果:3
print(alist.index("a"))          #输出结果:0
alist[0] = "m"                   #更改列表元素
print(alist)                     #输出结果:['m', 2, 'a', 5, 6, 7, 8, 'a', 'b', 'c']
del alist[ - 1]                  #删除最后一个列表元素
```

```
print(alist)                  # 输出结果:['m', 2, 'a', 5, 6, 7, 8, 'a', 'b']
alist.remove("m")             # 移除列表元素"m"
print(alist)                  # 输出结果:[2, 'a', 5, 6, 7, 8, 'a', 'b']
print(alist.pop(1))           # 弹出第 2 个列表元素
print(alist)                  # 输出结果:[2, 5, 6, 7, 8, 'a', 'b']
alist.clear()                 # 清空列表内容
print(alist)                  # 输出结果:[]
del alist                     # 删除列表对象
```

视频讲解

例 2-27：list1＝list("python")，将列表反向显示并输出。

```
list1 = list("python")
print(list1 [::-1])
list1.reverse()
print(list1)
```

在以上代码中，使用了两种方法：第一种是切片方式，将列表元素反向显示；另一种是使用列表的操作方法.reverse()，将列表反向显示。

例 2-28：list2＝[2,5,78,3,45,19]，将列表按升序排序。

```
list2 = [2,5,78,3,45,19]
print(sorted(list2, reverse = True))
list2.sort(reverse = True)
print(list2)
```

本例与例 2-24 的列表排序类似，但本题采用了另一种方法。总体来说，对列表排序有以下两种方法。

方法 1：list2.sort(reverse＝True)

方法 2：sorted(list2,reverse＝True)

方法 1 通过排序，改变了列表 list2 原有的内容；方法 2 则不改变列表 list2 的内容。

视频讲解

2.4.4　精选案例

1. 列表元素计算

从键盘输入 4 个数字，各数字之间采用空格分隔，对应变量 x0,y0,x1,y1。计算两点 (x0,y0)和(x1,y1)之间的距离，屏幕输出这个距离，保留 2 位小数。

例如：

键盘输入：0 1 3 5

键盘输出：5.00

分析：首先，获取用户输入以空格分隔的数字构成的字符串，然后用字符串的操作方法 split()将字符串分隔为列表，再将每个列表元素转变为数字类型，最后计算并输出。

编写代码如下。

```
ntxt = input("请输入 4 个数字(空格分隔):")
nls = ntxt.split( )
x0 = eval(nls[0])
y0 = eval(nls[1])
x1 = eval(nls[2])
y1 = eval(nls[3])
```

```
r = pow(pow(x1 - x0, 2) + pow(y1 - y0, 2), 0.5)
print("{:.2f}".format(r))
```

2. 列表逆序输出

获得用户输入的 5 个小写英文字母,将小写字母变成大写字母,并逆序输出,字母之间用逗号分隔。

例如:

输入:gbcde

输出:GBCDE

分析:本例主要有两个考点,一个是将小写字母转换为大写字母的函数 upper(),另一个是对字母逆序排序并以逗号分隔,要用到 ','.join()。

编写代码如下。

```
s = input("请输入 5 个小写字母:")
s = s.upper()
print(','.join(s[::-1]))
```

2.5　元组

与列表类似,元组(tuple)也是由任意类型元素组成的有序序列。与列表不同的是,元组是不可变的。既然元组与列表相似,又不如列表的元素灵活多变,那么为什么还需要元组呢?因为元组的访问速度比列表更快,开销更小。如果定义了一系列常量值,主要用途只是对它们进行遍历或其他类似操作,那么一般建议使用元组而不用列表。另外,元组在内部实现上不允许修改其元素值,从而使得代码更加安全。例如,调用函数时使用元组传递参数可以防止在函数中修改元组,而使用列表则无法保证这一点。

2.5.1　元组的创建

元组可以通过圆括号()或逗号来创建。即使只有一个元素的元组,也需要在元素后面添加逗号,否则括号会被当作运算符使用。

例如,定义一个元组:tuple1=(1,2,3),tuple2=(1,)。

删除元组:del tuple1。

2.5.2　元组的操作

元组支持的内置函数、计算与列表相同,但由于元组的元素是不可改变的,故不支持涉及元素变化的操作,如 append()、extend()、insert()、remove()、pop()、clear()、sort()等,仅支持 count()和 index()操作。

例 2-29:tuple1=(1,2,3),统计元素个数、最大值、最小值、所有元素之和。

```
tuple1 = (1,2,3)
print(len(tuple1))
print(max(tuple1))
```

```
print(min(tuple1))
print(sum(tuple1))
```

执行结果:

```
3
3
1
6
```

例 2-30:将 tuple1=(1,2,3)和 tuple2=('a','b','c')连接为一个元组对象并输出。

```
tuple1 = (1,2,3)
tuple2 = ('a','b','c')
tuple3 = tuple1 + tuple2
print(tuple3)
```

执行结果:

```
(1, 2, 3, 'a', 'b', 'c')
```

例 2-31:输出三个 tuple1=(1,2,3)的元素内容。

```
tuple1 = (1,2,3)
print(tuple1 * 3)
```

执行结果:

```
(1, 2, 3, 1, 2, 3, 1, 2, 3)
```

例 2-32:查看数字 1 是否在 tuple1=(1,2,3)中。

```
tuple1 = (1,2,3)
print(1 in tuple1)
```

执行结果:

```
True
```

例 2-33:统计 tuple1=(1,2,3)中数字 1 出现的次数,查看数字 2 的索引号。

```
tuple1 = (1,2,3)
print(tuple1.count(1))
print(tuple1.index(2))
```

执行结果:

```
1
1
```

2.5.3 元组与列表的转换

元组与列表之间可以互相转换,使用 list()函数可以把元组转换成列表,使用 tuple()函数也可以把列表转换成元组。

例如:

对列表 list1=[1,2,3],将其转换为元组:tuple1=tuple(list1)。

对元组 tuple1=(1,2,3),将其转换为列表:list1=list(tuple1)。

2.6　集合

集合是一种无序可变的、不包含重复元素的集合数据类型。其基本功能包括关系测试和消除重复元素。

2.6.1　集合的创建

集合用花括号{}表示,元素之间用逗号分隔。

创建集合：s1 = {1, 2, 3, 4}

也可以将列表转换为集合。

例 2-34：将列表 list1＝[1,2,3,4,1,1]转换为集合。

```
list1 = [1,2,3,4,1,1]
s2 = set(list1)
print(s2)
```

执行结果：

```
{1, 2, 3, 4}
```

2.6.2　集合的操作方法

集合支持多种数学上的集合运算,如并集、交集、差集。集合还支持添加元素、移除元素等操作。对于集合 s1＝{1, 2, 3, 4, 5},s2＝{'a','b'},可以进行如表 2-12 所示操作。

表 2-12　集合的操作方法

方　　法	描　　述	示　　例	运 行 结 果
len()	计算集合元素个数	len(s1)	5
union()	返回两个集合的并集	s1.union(s2)	{1, 2, 3, 4, 5, 'a', 'b'}
intersection()	返回两个集合的交集	s1.intersection(s2)	set()
difference()	返回两个集合的差集	s1.difference(s2)	{1, 2, 3, 4, 5}
add()	为集合添加一个元素	s1.add("a")	{1, 2, 3, 4, 5, 'a'}
clear()	移除集合中的所有元素	s1.clear()	set()
update()	为集合添加一个或多个元素	s1.update("c")	{1, 2, 3, 4, 5, 'c'}
remove()	移除指定元素,如果元素不存在,则会发生错误	s1.remove(1)	{2, 3, 4, 5}

2.7　字典

字典属于容器类对象,可存储任意类型的对象。其中包含若干元素,每个元素包含"键"和"值"两部分,这两部分之间使用冒号分隔,表示一种对应关系。不同元素之间用逗号分隔,所有元素放在一对花括号中。

字典是无序的、可变的；字典中的"键"不允许重复,但"值"是可以重复的;通过键来读取元素。字典的键可以是一个字符串、数值、逻辑值,字典的值可以是单个的值,也可以是列表、元组等。

2.7.1 字典的创建

字典的创建格式如下。

d = {key1 : value1, key2 : value2, key3 : value3 }

创建一个存储水果数量的字典,如图 2-1 所示。

图 2-1 字典的创建格式

如已将数据存入列表,需要利用列表中的内容来创建字典,可以直接在字典的定义中引入列表,示例如下。

```
list1 = ["小红","小明","小蓝"]
list2 = [19,20,21]
list3 = ["大数据技术 1 班","大数据技术 1 班","大数据技术 2 班"]
d = {"姓名":list1,"年龄":list2,"班级":list3}
print(d)
```

执行结果:

```
{'姓名': ['小红', '小明', '小蓝'], '年龄': [19, 20, 21], '班级': ['大数据技术 1 班', '大数据技术 1 班', '大数据技术 2 班']}
```

如列表中数据以横向维度来存储数据,那么要用到 zip()函数。zip()函数用于将可迭代的对象作为参数,将对象中对应的元素打包成一个个元组,然后返回由这些元组组成的列表。在本例中,zip()函数可以将列表中对应位置的元素组合起来打包为元组对象,然后再使用字典内置函数 dict()转换为字典。

```
list2 = ["姓名","年龄","班级"]
list1 = [["小红","小明","小蓝"],[19,20,21],["大数据技术 1 班","大数据技术 1 班","大数据技术 2 班"]]
d = dict(zip(list2,list1))
print(d)
```

执行结果与上文一致。

2.7.2 字典的访问与修改

1. 访问字典元素

格式:字典名[键]

例 2-35:对水果数量字典 d={'苹果':20,'西瓜':10,'橘子':59},查看苹果的数量。

d = {'苹果':20,'西瓜':10,'橘子':59}

```
print(d['苹果'])
```

执行结果：

```
20
```

2. 添加或修改字典元素

格式：字典名[键]＝值

已存在键的值会被修改，不存在的则会增加键值对。

例 2-36：在例 2-35 中，将苹果的数量更改为 30，直接使用赋值语句即可。

```
d['苹果'] = 30
增加香蕉的数量为 40，也可以直接用赋值语句实现。
d['香蕉'] = 40
```

执行 print(d)，得到结果：

```
{'苹果': 30, '西瓜': 10, '橘子': 59, '香蕉': 40}
```

3. 删除字典元素

del 命令可以删除元素，也可以删除整个字典。

例如：

del d['香蕉']，可以删除水果字典 d 中香蕉的键值对。

del d，可以删除整个水果字典对象 d。

2.7.3　字典的操作

Python 提供了很多字典的操作方法，如表 2-13 所示。

表 2-13　字典的操作方法

方　　法	功　　能
dict. keys( )	获得键的迭代器
dict. values( )	获得值的迭代器
dict. get(k,[default])	获得 k(键)对应的值，不存在则返回 default
dict. items( )	获得由键和值组成的元组作为元素的列表
dict. pop(k[,d])	删除 k(键)对应的键值对
dict. update(adict)	从另一个字典更新字典元素的值，如不存在，则添加此元素
dict. clear( )	清空字典
dict. copy( )	复制字典
dict. fromkeys(iter,value)	以列表或元组中给定的键建立字典，默认值为 value

例 2-37：水果字典 d＝{'苹果':20,'西瓜':10,'橘子':59}

（1）查找字典中所有的键、所有的值，以及所有的键值对。

（2）输出键为"苹果"的值，以及键为"香蕉"的值。

```
d = {'苹果':20,'西瓜':10,'橘子':59}
print(d.keys())
print(d.values())
```

```
print(d.items())
print(d.get("苹果"))
print(d.get("香蕉"))
```

执行结果：

```
dict_keys(['苹果', '西瓜', '橘子'])
dict_values([20, 10, 59])
dict_items([('苹果', 20), ('西瓜', 10), ('橘子', 59)])
20
None
```

小提示：查找键值时，当键存在时，d.get("苹果")等同于 d["苹果"]；当键不存在时，则可以返回 None。

🔑 小结

本章内容思维导图如图 2-2 所示。

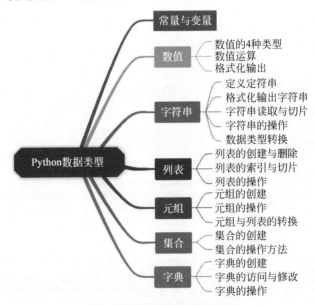

图 2-2   第 2 章内容思维导图

🔑 习题

在线测试

一、选择题

1. (   )方法不能判断变量 x 在字符串变量 s 中。

    A. s.strip(x)   B. x in s   C. len(s.split(x))   D. s.count(x)

2. (   )不是 Python 合法变量名。

    A. _maxNum   B. Eval   C. 2nd_table   D. VAL

3. (　　)可用于判断变量 a 的数据类型。

　　A. str(a)　　　　　　B. eval(a)　　　　　C. int(a)　　　　　　　D. type(a)

4. 以下关于 Python 字符串的说法,错误的是(　　)。

　　A. 可以通过在引号前增加转义符\输出带有引号的字符串

　　B. 字符串可以赋值给变量,也可以作为单独一行语句

　　C. 可以使用 lenstr()获得字符串的长度

　　D. 可以通过索引方式访问字符串中的某个字符

5. 以下关于全局变量和局部变量的说法,错误的是(　　)。

　　A. 局部变量标识符不能与任何全局变量的标识符相同,即严格不能重名

　　B. 在函数内部引用数字类型全局变量时,必须使用 global 保留字声明

　　C. 在函数内部引用组合类型全局变量时,可以不通过 global 保留字声明

　　D. 全局变量在 Python 文件最外层声明时,语句前没有缩进

6. 以下是某班 5 名同学的一组个人信息:

　　学号、姓名、性别、年龄、身高、体重

　　xs001、张红、女、18、168、55

　　xs002、王丽丽、女、19、165、60

　　xs003、李华、男、18、178、66

　　xs004、赵亮、男、19、175、65

　　xs005、张玲玲、女、18、160、50

采用变量 a 存储以上信息用于统计分析,最适合的数据类型是(　　)。

　　A. 集合　　　　　　　B. 字符串　　　　C. 列表　　　　　　　D. 字典

7. 以下关于代码执行结果的说法,正确的是(　　)。

```
Chinesetime = {'夜半':'子时','鸡鸣':'丑时','平旦':'寅时', '日出':'卯时','食时':'辰时',
'隅中':'巳时', '日中':'午时','日映':'未时','哺时':'申时', '日入':'酉时','黄昏':'戌时','人定':
'亥时',}
time = Chinesetime.pop('黄昏','失败')
print(Chinesetime)
```

　　A. 程序输出一个字典,其中,键为"黄昏"的键值对被删除

　　B. 程序执行后,time 变量的值是{"黄昏":"戌时"}

　　C. 程序执行后,time 变量的值是{"黄昏":"失败"}

　　D. 程序输出一个字典,其中,键为"黄昏"的值被修改为"失败"

8. 以下关于 Python 赋值语句的说法,错误的是(　　)。

　　A. 对于 a＝100 语句,无论变量 a 是什么类型,该赋值语句运行一定正确

　　B. a,b＝b,a 可以交换 a 和 b 的值

　　C. 使用符号"＝"表达赋值关系

　　D. 赋值语句要求赋值两侧的数据类型一致

9. 以下关于类型转换的说法,错误的是(　　)。

　　A. int(1.23)能将浮点数 1.23 转换为整数

　　B. int('1.23')能将字符串转换为整数

　　C. str(1＋2j)能将复数 1＋2j 转换为字符串类型

  D. int(1+2j)不能将复数 1+2j 转换为整数类型,执行出错

10. 以下关于组合数据类型的说法,错误的是( )。

  A. 可以用花括号创建字典,用方括号增加新元素

  B. 字典的 pop 函数可以返回一个键对应的值,并删除该键值对

  C. 空字典和空集合都可以用花括号来创建

  D. 嵌套的字典数据类型可以用来表达高维数据

11. 在 Python 语言中,不属于组合数据类型的是( )。

  A. 复数类型   B. 字典类型   C. 列表类型   D. 元组类型

12. 以下关于组合数据类型的说法,错误的是( )。

  A. 集合类型是一种具体的数据类型

  B. 字典类型的键可以用的数据类型包括字符串、元组以及列表

  C. 序列类型和映射类型都是一类数据类型的总称

  D. Python 的集合类型跟数学中的集合概念一致,都是多个数据项的无序组合

13. 以下关于数据组织的说法中,错误的是( )。

  A. 更高维数据组织由键值对类型的数据构成,可以用 Python 字典类型表示

  B. 一维数据采用线性方式组织,可以用 Python 集合或列表类型表示

  C. 二维数据采用表格方式组织,可以用 Python 列表类型表示

  D. 字典类型仅用于表示一维和二维数据

14. 若列表变量 ls 共包含 10 个元素,则 ls 索引的取值范围是( )。

  A. −1~−9(含)的整数   B. 0~10(含)的整数

  C. 1~10(含)的整数   D. 0~9(含)的整数

15. 以下关于 Python 元组类型的说法,错误的是( )。

  A. 元组不可以被修改

  B. Python 中元组使用圆括号和逗号表示

  C. 元组中的元素要求是相同类型

  D. 一个元组可以作为另一个元组的元素,可以采用多级索引

二、操作题

1. 输入长和宽,计算长方形的面积和周长。

2. 输入上底、下底和高,计算梯形的面积和周长。

3. 根据输入的父亲和母亲的身高,预测儿子的身高,并打印出来,计算公式为:儿子的身高=(父亲的身高+母亲的身高)×0.54。

4. 输入两个整数 x,y,交换这两个数的值后输出 x,y。

5. 摄氏温度(C)和华氏温度(F)之间的换算关系为 $F=C×1.8+32,C=(F−32)÷1.8$。输入一个摄氏温度值,自动计算出华氏温度值。

6. 写出计算球体表面积和体积的程序。其中,球体表面积公式为 $S=4×pi×(R×R)$,球体体积公式为 $V=4/3×pi×(R×R×R)$。其中 ,pi 为圆周率,R 为圆的半径。

7. 完成列表以下的基本操作。

(1) 创建一个空列表,命名为 studentlists,往里面添加 Lily、Bob、Jack、xiaohong、Luxi

和 Tom 元素。

　　(2) 在 studentlists 列表中 Tom 的前面插入一个 Blue。

　　(3) 把 studentlists 列表中 xiaohong 的名字改成中文"小红"。

　　(4) 往 studentlists 列表中 Bob 后面插入一个子列表["oldboy","oldgirl"]。

　　(5) 返回 studentlists 列表中 Tom 的索引值(下标)。

　　(6) 创建新列表[1,9,3,4,9,5,6,9,0],合并到 studentlists 列表中。

　　(7) 取出 studentlists 列表中索引为 4～7 的元素。

　　(8) 取出 studentlists 列表中索引为 2～10 的元素,步长为 2。

　　(9) 取出 studentlists 列表中最后三个元素。

　　(10) studentlists 列表里有三个 9,请返回第二个 9 的索引值。

　　8. 利用下画线将列表的每一个元素拼接成字符串,li = ['python', 'code', 'word']。

第 **3** 章

开始程序设计

CHAPTER **3**

【教学目标】

知识目标：
- 理解算法的定义、特性和描述方法。
- 掌握 Python 的语法规则，包括缩进和注释。
- 了解异常处理的方法。

技能目标：
- 能够运用选择结构和循环结构编写程序，能够处理程序中可能出现的异常。
- 掌握 Python 的语法规则、选择结构、循环结构和异常处理。
- 学会使用选择结构和循环结构进行程序设计。

情感与思政目标：
- 增强学生解决问题的信心和耐心。
- 培养诚信、自律等价值观，遵循编程规范。

【引言】

了解了 Python 的数据类型及其运算、操作方法，接下来就要开始设计程序来解决问题了。开发程序与解数学题类似，需要一定的解题思路，即算法；开发程序与写作文也类似，需要一定的语法和结构。本章将介绍程序设计常用的算法、Python 语言的语法和程序的控制结构。

3.1　程序与算法

计算机之所以能够处理复杂的问题，主要依靠于程序的运行。程序设计的一般过程包括 5 个步骤：分析问题、确定数学模型、算法设计、编写程序、运行测试。其中，算法是程序设计的核心，没有算法就没有了程序设计的灵魂。

3.1.1　算法定义与特性

算法就是解决问题的方法和步骤，解决问题的过程就是算法实现的过程。

著名计算机科学家 Donald E. Knuth 曾把算法的特性归纳为以下 5 点。

（1）有穷性。任意一个算法在执行有穷个计算步骤后必须终止。

（2）确定性。每一个计算步骤必须精确地定义，无二义性。

（3）可行性。有限多个步骤应该在一个合理的范围内进行。

（4）输入。一般有 0 个或多个输入。

（5）输出。一般有若干输出信息，是反映对输入数据加工后的结果。没有输出结果的算法是毫无意义的。

3.1.2　常用的算法

人们通过长期的研究开发工作总结了一些基本的算法设计方法，例如，枚举法、迭代法、递推法、分治法、回溯法、贪心法和动态规划法等。

1. 枚举

枚举法也称为穷举法或试凑法。它的基本思想是采用搜索的方法，根据题目的部分条件确定答案的大致搜索范围，然后在此范围内对所有可能的情况逐一验证，直到所有情况验证完。若某个情况符合题目的条件，则为本题的一个答案；若全部情况验证完后均不符合题目的条件，则问题无解。枚举法是一种比较耗时的算法，主要利用计算机快速运算的特点。枚举的思想可解决许多问题。

枚举法解决问题的关键主要在于以下三点。

（1）确定搜索的范围，尽量不遗漏但又避免出现问题求解以外的范围。

（2）确定满足的条件，把所有可能的条件一一罗列。

（3）枚举解决问题效率不高，因此，为提高效率，根据解决问题的情况，应尽量减少内循环层数或每层循环次数。

2. 查找

查找在人们日常生活中经常会遇到，利用计算机快速运算的特点，可方便地实现查找。查找的方法有很多，对不同的数结构有对应的方法。例如，对无序数据，用顺序查找；对有序数据，采用二分法查找；对某些复杂的结构的查找，可用树状查找方法。

顺序查找是根据查找的关键值与数组中的元素逐一比较。顺序查找对数组中的数据不要求有序,查找效率比较低。

二分法查找是在数据量很大时采用的一种高效查找法。采用二分法查找时,数据必须是有序的。假设数组是按递增有序的,实现的方法是已知查找区间的下界 low、上界 high,当 high≥low 时,中间项 mid=(low+high)/2,根据查找的 key 值与中间项 $a[mid]$ 比较,有以下三种情况。

(1) key>$a[mid]$,则 low=mid+1,后半部作为继续查找的区域。

(2) key<$a[mid]$,则 high=mid−1,前半部作为继续查找的区域。

(3) key=$a[mid]$,则查找成功,结束查找。

这样每次查找区间缩小一半,直到查找到或者区间内没有要查找的值。

3. 排序

在日常生活和工作中,许多问题的处理过程都要依赖于数据的有序性,因此,需要将数据整理为有序数据,即排序。常用的排序算法有选择排序和冒泡排序。

选择排序是最为简单且易于理解的算法,基本方法是每次在无序数中找到最小数的下标,然后与第一个位置的数交换。

冒泡排序与选择排序相似,选择排序在每一轮中寻找最值小(递增次序)的下标,然后与应放位置的数交换位置。而冒泡排序在每一轮排序时将相邻两个数组元素进行比较,次序不对时立即交换位置,一轮比较结束小数上浮,大数沉底。有 n 个数则进行 $n-1$ 轮上述操作。

4. 迭代

迭代法又称递推法,是利用问题本身所具有的某种递推关系求解问题的一种方法。其基本思想是从初值出发,归纳出新值与旧值间直到最后值为止存在的关系,从而把一个复杂的计算过程转换为简单过程的多次重复,每次重复都从旧值的基础上递推出新值,并由新值代替旧值。

除上述 4 个常用算法之外,还有诸如贪心算法、分治法、回溯法等方法也应用在程序设计中,需要根据不同的情况选择适合的算法来解决问题。

3.1.3　算法描述

算法的表示方法有很多,常用的有自然语言、传统的流程图、伪代码和计算机语言等。目前使用较为广泛的是流程图(便于理清程序的处理过程)和计算机语言(用于在计算机上实现程序功能)。

1. 自然语言

用人们使用的语言,即自然语言描述算法。用自然语言描述算法通俗易懂,但存在以下缺陷。

(1) 易产生歧义性,往往需要根据上下文才能判别其含义,不太严格。

(2) 语句比较烦琐、冗长,并且难以清楚地表达算法的逻辑流程,尤其对描述含有选择、循环结构的算法,不太方便和直观。

2．流程图

流程图是描述算法的常用工具,采用一些图框、线条以及文字说明来形象、直观地描述算法处理过程。美国国家标准协会(ANSI)规定了一些常用的流程图符号,如表 3-1 所示。

表 3-1 流程图的常用符号

符 号 名 称	图 形	功 能
开始与结束框	⬭	表示一个过程的开始或结束
输入/输出框	▱	表示数据的输入和输出
处理框	▭	表示算法中的各种处理操作
判断框	◇	表示算法中的条件判断操作
流程线	⟶	表示算法的执行方向

如计算两数之和,用流程图表示如图 3-1 所示。

3．伪代码

由于绘制流程图较费时,自然语言易产生歧义性和难以清楚地表达算法的逻辑流程等缺陷,人们开始采用伪代码。伪代码产生于 20 世纪 70 年代,也是一种描述程序设计逻辑的工具。

伪代码是用介于自然语言和计算机语言之间的文字和符号来描述算法,有如下简单约定。

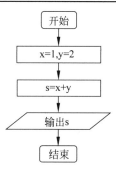

图 3-1 计算两数之和的流程图

(1) 每个算法以 Begin 开始,以 End 结束。若仅表示部分编写代码可省略。

(2) 每一条指令占一行,指令后不跟任何符号。

(3)"//"标志表示注释的开始,一直到行尾。

(4) 算法的输入/输出以 Input/Print 后加参数表的形式表示。

(5) 用"←"表示赋值。

(6) 用缩进表示代码块结构,包括 While 和 For 循环、If 分支判断等。块中多句语句用一对{}括起来。

(7) 数组形式为数组名[下界…上界];数组元素为数组名[序号]。

(8) 一些函数调用或者处理简单任务可以用一句自然语言代替。

如计算两数之和的伪代码如图 3-2 所示。

```
BEGIN
    x←1
    y←2
    s=x+y
    Print   t
End
```

图 3-2 计算两数之和的伪代码

4. 计算机语言

计算机无法识别自然语言、流程图、伪代码。这些方法仅为了帮助人们描述、理解算法,要用计算机解题,就要用计算机语言描述算法。只有用计算机语言编写的程序才能被计算机执行。用计算机语言描述算法必须严格遵循所选择的编程语言的语法规则。

例如,计算两数之和的 Python 程序代码如下。

```python
x,y = 1,2
s = x + y
print(s)
```

3.2 Python 语法规则

Python 语言除规定了基本的数据类型及其使用方法之外,还有一定的语法要求,如缩进和注释。

3.2.1 缩进

Python 用缩进来标识代码块,它有着严格的缩进规则。缩进是指代码行前面的空白区域,表示代码之间的层次关系,同一层次的代码块必须有相同的缩进。在编写代码时,一般用 Tab 键实现缩进。

例如,在以下代码中,if 和 else 对齐,其中包含的语句常用 Tab 缩进实现对齐。

```python
a = int(input("请输入一个数字:"))
if a > 0:
    print(f"{a}是正数")
else:
    print(f"{a}不是正数")
```

3.2.2 注释

注释是程序员在代码中加入的说明性文字,用来对变量、语句、方法等进行功能性说明,以提高代码的可读性。程序运行时编译器或者解释器会忽略注释文字,因此注释不影响程序的运行结果。在 Python 中注释方式有两种写法。单行注释语句用 # 开始,单行注释可以单独出现在一行,也可以与代码放在同一行。多行注释语句使用连续三个双引号或者单引号对表示。注释的写法如下。

```python
# 这是单行注释
print("Hello,python!") # 这是单行注释
'''
这是多行注释的第 1 行
这是多行注释的第 2 行
这是多行注释的第 3 行
'''
```

小提示：三引号与赋值语句等号相连时，可用于定义多行字符串，不与赋值语句相连时，用于多行注释。按 Ctrl＋/组合键，可以将代码转换为注释。

🔑 3.3 选择结构

程序的控制结构有顺序结构、选择结构、循环结构，它们是算法的三种基本结构。顺序结构指计算机按照语句出现的先后次序依次执行。选择结构是设定条件进行判断，然后根据可能不同的情况进行不同的处理。循环结构是根据条件判断控制循环体语句的执行次数。本节首先介绍选择结构。

选择结构也叫分支结构，可以根据条件来控制代码的执行分支。Python 中使用 if 语句来实现分支结构。其语法格式如下。

```
if(条件表达式):
    语句/语句块
```

分支结构包含多种形式：单分支、双分支和多分支。

条件表达式可以是关系表达式、逻辑表达式、算术表达式等。语句/语句块可以是单个语句，也可以是多个语句，多个语句的缩进必须对齐一致。

3.3.1 单分支结构

基本语法：

```
if(条件表达式):
    语句/语句块 1
```

流程图如图 3-3 所示，当条件表达式的值为 True 时，表示条件满足，则语句块将被执行，否则该语句块不被执行。

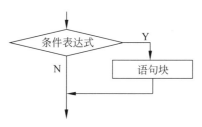

图 3-3 if 单分支语句结构流程图

注意：每个 if 条件后要使用冒号(:)，表示接下来是满足条件后要执行的语句。使用缩进来划分语句块，相同缩进数的语句在一起组成一个语句块。

例 3-1：当用户输入年龄 age 后，判断 age 是否大于或等于 18，若满足条件，输出"你已成年"。

```
age = int(input('请输入你的年龄:'))
if age >= 18:
    print("你已成年")
```

3.3.2　双分支结构

基本语法:

```
if 条件:
    语句 1
else:
    语句 2
```

流程图如图 3-4 所示,当条件表达式的值为 True 时,表示条件满足,则执行语句块 1,否则执行语句块 2。

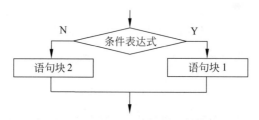

图 3-4　if 双分支语句结构流程图

例 3-2:输入一个整数,如果大于 0,输出"正数";否则输出"不是正数"。

```
x = float(input("请输入一个数:"))
if x > 0:
    print("是正数")
else:
    print("不是正数")
```

3.3.3　多分支结构

基本语法:

```
if 条件 1:
    语句 1
elif 条件 2:
    语句 2
…
else:
    语句 n
```

流程图如图 3-5 所示,首先计算表达式 A,如果其值为 True,则执行语句块 1,否则计算表达式 B,如果其值为 True,则执行语句块 2,否则计算表达式 C,如果其值为 True,则执行语句块 3,以此类推,如果所有表达式计算的结果都为 False,则执行 else 后的语句块 n。

例 3-3:输入一个学生的整数成绩 n,当成绩大于或等于 90 分时,输出"成绩优秀!";当成绩大于或等于 80 且小于 90 时,输出"成绩良好!";当成绩大于或等于 70 且小于 80 时,输出"成绩中等!";当成绩大于或等于 60 且小于 70 时,输出"成绩合格!";否则输出"成绩不合格!"。

```
n = float(input("请输入一个成绩:"))
if n >= 90:
```

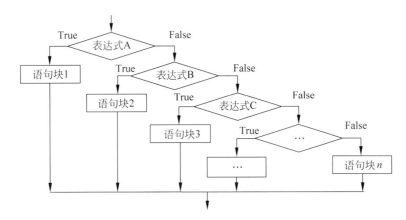

图 3-5 if 多分支语句结构流程图

注：如果省略 else 子句，则表达式都为 False 时，什么语句也不执行。

```
    print("成绩优秀!")
elif n >= 80:
    print("成绩良好!")
elif n >= 70
    print("成绩中等!")
elif n >= 60
    print("成绩合格!")
else:
    print("成绩不合格!")
```

3.3.4 精选案例

视频讲解

1. BMI 计算

BMI 指数即身体质量指数，是目前国际常用的衡量人体胖瘦程度以及是否健康的一个标准。BMI 指数计算公式如下：体质指数(BMI)= 体重(kg)÷(身高^2)(m)。BMI 正常值为 20～25，超过 25 为超重，30 以上为肥胖，小于 20 为偏瘦。请编写程序，输入身高和体重，输出对应体型。

思路分析：

第一步，获取用户输入的体重 weight 和身高 height 两个变量。

第二步，计算 BMI 的值。

第三步，用 if 多分支进行判断，并分别输出结果。

编写代码：

```
height = float(input("请输入您的身高(米):"))
weight = float(input("请输入您的体重(千克):"))
bmi = weight/height ** 2
if bmi < 20:
    print("您的体型属于: 偏瘦")
elif 20 <= bmi < 25:
    print("您的体型属于: 正常")
elif 25 <= bmi < 30:
    print("您的体型属于: 超重")
```

```
else:
    print("您的体型属于: 肥胖")
```

2. 个税计算

个人所得税的税率如表 3-2 所示,超过 5000 元的需要缴税。请输入月收入,计算应缴税额＝应缴税所得额×税率－速算扣除数。

表 3-2　个人所得税

全月应缴税所得额	税率	速算扣除数/元
不超过 1500 元	3％	0
1500～4500 元	10％	105
4500～9000 元	20％	555
9000～35 000 元	25％	1005
35 000～55 000 元	30％	2755
55 000～80 000 元	35％	5505
超过 80 000 元	45％	13 505

思路分析:

第一步,获取用户输入的月收入变量。

第二步,用 if 多分支对月收入进行判断,计算应缴税额并输出结果。

编写代码:

```python
income = float(input("请输入您的税前月收入: "))
taxable_income = income - 5000
if taxable_income <= 0:
    print("不用缴税")
elif taxable_income <= 1500:
    print("应缴税额为:", taxable_income * 0.03 - 0)
elif taxable_income <= 4500:
    print("应缴税额为:", taxable_income * 0.1 - 105)
elif taxable_income <= 9000:
    print("应缴税额为:", taxable_income * 0.2 - 555)
elif taxable_income <= 35000:
    print("应缴税额为:", taxable_income * 0.25 - 1005)
elif taxable_income <= 55000:
    print("应缴税额为:", taxable_income * 0.3 - 2755)
elif taxable_income <= 80000:
    print("应缴税额为:", taxable_income * 0.35 - 5505)
else:
    print("应缴税额为:", taxable_income * 0.45 - 13505)
```

3.4　循环结构

当有些语句块需要重复执行时,为了简化代码量,可以使用循环结构来实现。循环结构可以用 for 和 while 两种方法来描述。

3.4.1 for 循环结构

for 循环表示当满足条件表达式时,重复执行循环语句,否则跳出循环,其语法格式为

```
for 变量 in range(start, stop[, step]):
    循环语句
```

其中,

start 指计数开始值,默认为 0。例如,range(5)等价于 range(0,5)。

stop 指计数结束值,但不包括 stop。例如,range(0,5)是[0,1,2,3,4],没有 5。

step 指步长,默认为 1。例如,range(0,5,2)步长是 2,则它的结果为[0,2,4]。

for 循环的流程图如图 3-6 所示。

例 3-4：输出 5 遍"Hello,Python!"。

```
for i in range(5):
    print("hello,python!")
```

执行结果:

```
hello,python!
hello,python!
hello,python!
hello,python!
hello,python!
```

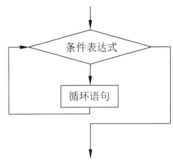

图 3-6　for 循环的流程图

例 3-5：编写程序,在操场上跑步,当跑完第 3 圈时停止。

```
for i in range(3):
    print(f"跑完了第{i+1}圈")
```

执行结果:

```
跑完了第 1 圈
跑完了第 2 圈
跑完了第 3 圈
```

例 3-6：计算 $s=n!$,其中,n 由键盘输入。

```
s = 1
n = int(input("请输入一个正整数:"))
for i in range(1,n+1):
    s = s * i
print(f"{n}的阶乘是:{s}")
```

执行结果:

```
请输入一个正整数:5
5 的阶乘是:120
```

例 3-7：计算 $s=1+2+\cdots+100$。

```
s = 0
for i in range(1,101):
    s += i
print(s)
```

执行结果：

```
5050
```

例 3-8：输入 5 个同学的成绩，计算平均成绩。

```python
s = 0
for i in range(5):
    n = float(input("请输入成绩:"))
    s += n
print("平均成绩为:",s/5)
```

例 3-9：定义字符串"python"，将每个字母单独输出。

```python
s = "python"
for c in s:
    print(c)
```

执行结果：

```
p
y
t
h
o
n
```

例 3-10：请用" * "输出直角三角形。

```python
for i in range(5):
    print(" * " * i)
```

执行结果：

```
*
**
***
****
```

例 3-11：请用" * "输出等腰三角形。

```python
for i in range(5):
    print(" " * (5 - i) + " * " * (i * 2 - 1))
```

执行结果：

```
   *
  ***
 *****
*******
```

例 3-12：判断一个年份是否是闰年。闰年是指能被 4 整除但不能被 100 整除或能被 400 整除的年份。

```python
n = int(input("请输入一个年份"))
if n % 4 == 0 and n % 100 != 0 or n % 400 == 0:
    print(f"{n}是闰年")
else:
    print(f"{n}不是闰年")
```

例 3-13：用 for 循环生成一个 1～9 的平方列表。

```
list1 = [i ** 2 for i in range(10)]
print(list1)
```

执行结果：

```
[0, 1, 4, 9, 16, 25, 36, 49, 64, 81]
```

3.4.2 while 循环结构

for 语句适用于明确变量范围的情景，程序更为简洁。当变量范围不确定时，则需要使用 while 语句。其语法格式为

```
while 条件表达式:
    循环语句(块)
```

例 3-14：用 while 语句计算 $s = 2 + 4 + \cdots + 98 + 100$。

```
s = 0
i = 2
while i <= 100:
    s += i
    i += 2
print(s)
```

执行结果：

```
2550
```

例 3-15：爸爸今年 40 岁，儿子今年 6 岁，求多少年后爸爸的年龄是儿子的两倍。

```
d_age = 40
s_age = 6
y = 0
while d_age!= s_age * 2:
    y += 1
    s_age += 1
    d_age += 1
print(y)
```

执行结果：

```
28
```

3.4.3 break 和 continue 语句

1. break 语句

在循环的过程中，如果需要中断循环，则需要使用 break 语句，可以极大地节省程序的时间复杂度，且便于获取中断时的变量值。

视频讲解

例 3-16：猜数游戏，给用户无数次机会去猜，如果猜对了输出"猜对了!"，否则提示"没猜对!"。

```
answer = 5
while True:
    n = int(input("请猜数:"))
    if n == answer:
        print("猜对了!")
        break
    else:
        print("没猜对!")
```

例 3-17：录入学生的成绩,以字母"p"为结束符,计算成绩数量、总分和平均值。

```
n,s = 0,0
while True:
    score = input("请输入成绩:")
    if score == "p":
        break
    s += float(score)
    n += 1
print(f"总分为{s},成绩数量为{n},平均成绩为{s/n}")
```

执行结果：

```
请输入成绩:80
请输入成绩:90
请输入成绩:79.5
请输入成绩:77
请输入成绩:p
总分为 326.5,成绩数量为 4,平均成绩为 81.625
```

例 3-18：编写程序判断一个数是否是素数。素数是只能被 1 和它本身整除的数。

```
n = int(input("请输入一个自然数:"))
for i in range(2,n):
    if n % i == 0:
        print(f"{n}不是素数")
        break
else:
    print(f"{n}是素数")
```

执行结果：

```
请输入一个自然数: 5
5 是素数
```

在本例中,for 循环与 else 语句一起使用。当 for 循环正常结束(没有遇到 break 语句)时,else 子句中的代码将被执行。如果 for 循环被 break 语句中断,则 else 子句中的代码将不会被执行。

2. continue 语句

continue 语句的作用是结束本次循环,紧接着执行下一次的循环。

例 3-19：定义字符串"python",将除"y"以外的每个字母单独输出。

```
for c in "python":
    if c == "y":
        continue
    print(c)
```

执行结果：

```
p
t
h
o
n
```

3.4.4　循环嵌套

在一个循环体内又包含另一个完整的循环结构，称为循环的嵌套。当外层循环执行第一遍时，内层循环需要全部执行完方可执行外层循环第二遍。

循环嵌套的流程图如图 3-7 所示。

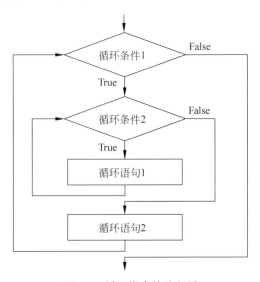

图 3-7　循环嵌套的流程图

例 3-20：打印九九乘法表。

视频讲解

```python
for i in range(1,10):
    for j in range(1,i + 1):
        print(f"{i} * {j} = {i * j:2d}",end = " ")
    print()
```

执行结果如图 3-8 所示。

```
1*1= 1
2*1= 2  2*2= 4
3*1= 3  3*2= 6  3*3= 9
4*1= 4  4*2= 8  4*3=12  4*4=16
5*1= 5  5*2=10  5*3=15  5*4=20  5*5=25
6*1= 6  6*2=12  6*3=18  6*4=24  6*5=30  6*6=36
7*1= 7  7*2=14  7*3=21  7*4=28  7*5=35  7*6=42  7*7=49
8*1= 8  8*2=16  8*3=24  8*4=32  8*5=40  8*6=48  8*7=56  8*8=64
9*1= 9  9*2=18  9*3=27  9*4=36  9*5=45  9*6=54  9*7=63  9*8=72  9*9=81
```

图 3-8　九九乘法表

例 3-21：打印出 $1,2,3$ 三个数字的所有排列。

```python
for i in range(1,4):
    for j in range(1,4):
        for k in range(1,4):
            if i != j and i!= k and j!= k:
                print(i,j,k)
```

执行结果：

```
1 2 3
1 3 2
2 1 3
2 3 1
3 1 2
3 2 1
```

例 3-22：鸡兔同笼问题。假设共有鸡、兔 30 只，脚 90 只，求鸡、兔各有多少只。

```python
for i in range(1,30):
    for j in range(1,30):
        if i + j == 30 and i * 2 + j * 4 == 90:
            print(i,j)
```

执行结果：

```
15 15
```

例 3-23：两个乒乓球队进行比赛，各出三人。甲队为 a,b,c 三人，乙队为 x,y,z 三人。抽签决定比赛名单。有人向队员打听比赛的名单。a 说他不和 x 比，c 说他不和 x、z 比，请编程找出三队赛手的名单。

```python
s = "xyz"
for i in range(3):
    for j in range(3):
        for k in range(3):
            if i!= 0 and k!= 0 and k!= 2 and i!= j and i!= k and j!= k:
                print(f"a-{s[i]},b-{s[j]},c-{s[k]}")
```

执行结果：

```
a-z,b-x,c-y
```

视频讲解

3.4.5　精选案例

1. 猴子吃桃

猴子第一天摘下若干桃子，当即吃了一半，还不过瘾，又多吃了一个。第二天早上又将剩下的桃子吃掉一半，又多吃了一个。以后每天早上都吃了前一天剩下的一半零一个。到第十天早上想再吃时，见只剩下一个桃子了。求第一天共摘了多少个桃子。

分析：倒推回去算，每一天的桃子数 n_1 和前一天的桃子数 n_2 之间可以提炼出公式 $n_2 = (n_1 + 1) \times 2$，往前推算 9 次，即可得到第一天的桃子数量。

编写代码如下。

```
n = 1
for i in range(9):
    n = (n + 1) * 2
print(n)
```

执行结果：

```
1534
```

2. 列表元素计算

a 和 b 是两个列表变量，列表 a 为 $[3,6,9]$ 已给定，从键盘输入列表 b，计算 a 中元素与 b 中对应元素乘积的累加和。例如，从键盘输入列表 b 为 $[1,2,3]$，则累加和为 $1\times3+2\times6+3\times9=42$，因此，屏幕输出计算结果为 42。

分析：

第 1 步，定义 s 变量为 0，用于累加数据。

第 2 步，定义列表 a 和列表 b，其中，列表 a 已知，列表 b 需要由用户输入。

第 3 步，用 for 循环遍历两个列表对应位置的值，分别相乘再累加，并赋值到变量 s 中。

第 4 步，输出 s 的值。

编写代码如下。

```
a = [3,6,9]
b = eval(input("请输入 3 个数字,以逗号分隔"))  #例如[1,2,3]
s = 0
for i in range(3):
    s += a[i] * b[i]
print(s)
```

3. 斐波那契数列

根据斐波那契数列的定义 $F(0)=0$，$F(1)=1$，$F(n)=F(n-1)+F(n-2)(n\geqslant2)$，输出不大于 100 的序列元素。例如，屏幕输出实例为 $0,1,1,2,3,\cdots$

分析：

第 1 步，初始化前两个数字，分别用变量 a、b 表示。

第 2 步，根据公式与结果分析，a 的初始值为 0，因此在后续的数列中，将 b 的值赋给 a，将原 $a+b$ 的值赋值给 b。在 Python 中，多变量可以同时赋值。最后输出所有的 a 即可。

第 3 步，不清楚循环次数，因此使用 while 来控制变量范围。

编写代码如下。

```
a, b = 0, 1
while a <= 100:
    print(a, end = ',')
    a, b = b, a + b
```

4. 列表元素计算并生成新列表

a 和 b 是两个长度相同的列表变量，列表 a 为 $[3,6,9]$ 已给定，从键盘输入列表 b，计

算 a 中元素与 b 中对应元素的和形成的列表 c,在屏幕上输出。

例如,从键盘输入列表 b 为[1,2,3],键盘输出计算结果为[4,8,12]。

分析:获取用户输入列表,然后定义空列表 c,并用 for 循环将列表 a 和列表 b 中对应的元素相加,用 append()方法追加到列表 c 中,最后输出列表 c。

编写代码如下。

```python
a = [3,6,9]
b = eval(input("请输入一个包含 3 个数字的列表:"))  ♯例如[1,2,3]
c = []
for i in range(3):
    c.append(a[i] + b[i])
print(c)
```

5. 多列表元素组合

a 和 b 是两个列表变量,列表 a 为[3,6,9]已给定,从键盘输入列表 b,将 a 列表的三个元素插入列表中对应的前三个元素的后面,并输出在屏幕上。

例如,从键盘输入列表 b 为{1,2,3},因此,屏幕输出计算结果为[1,3,2,6,3,9]。

分析:本例中列表 a 已知,获取用户输入 b 列表包含 3 个元素,要求将 a 列表中元素插入到 b 列表中对应元素的后面,要使用到 insert()函数,插入的索引位置变量初始值为 1,之后以 2 为 step 递增去插入。

编写代码如下。

```python
a = [3,6,9]
b = eval(input("请输入一个包含 3 个数字元素的列表:"))  ♯例如[1,2,3]
j = 1
for i in range(len(a)):
    b.insert(j,a[i])
    j += 2
print(b)
```

6. 生成新列表

获得用户输入的以逗号分隔的三个数字,记为 a、b、c,以 a 为起始数值,b 为差,c 为数值的数量,产生一个递增的等差数列,将这个数列以列表格式输出。

分析:定义 a、b、c 三个变量,分别获取用户输入的三个数字;用 for 循环控制 c 的循环次数,循环体中生成递增的等差数列元素,即用 a 减去 c 个 b,将生成的数列元素追加到新列表中,最后输出新列表。

编写代码如下。

```python
a, b, c = eval(input("请输入三个数字,以逗号分隔:"))
ls = []
for i in range(c):
    ls.append(a + b * i)
print(ls)
```

7. 字符串替换

获得用户输入的一个数字,其中,数字字符(0~9)用对应的中文字符"○ 一二三四五六七八九"替换,输出替换后的结果。

分析:对数字 0~9 用 for 循环依次判断,如果存在,则将其替换为中文字符,中文字符可以用字符串变量 s 存储,在替换时用字符串索引位置读取即可。

编写代码如下。

```
n = input()
s = "〇一二三四五六七八九"
for c in "0123456789":
    n = n.replace(c,s[int(c)])
print(n)
```

在本例中,变量 c 既是字符串的元素,同时也是字符串的索引位置。

8. 字符串分隔组合输出

程序接收用户输入的 5 个数,以逗号分隔。将这些数字按照输入顺序输出,每个数字占 10 个字符宽度,右对齐,所有数字显示在同一行。例如:

输入:

23,42,543,56,71

输出:

23 42 543 56 71

编写代码如下。

```
num = input().split(',')
for i in num:
    print('{:>10}'.format(i),end = '')
```

9. 正整数输出

程序接收用户输入的一个数字并判断是否为正整数,如果不是正整数,则显示"请输入正整数"并等待用户重新输入,直至输入正整数为止,并显示输出该正整数。例如:

输入:

请输入一个正整数:357

输出:

357

分析:用 while True 控制无限循环,并在循环体中搭配 break 语句,可以实现用户输入正确时退出循环;在循环体中,首先获取用户输入,然后对用户输入进行判断,如果用户输入的值大于 0 并且用户输入数据的类型为 int,则提示输入正确并 break,这里要用到 if…else 结构;如果不正确,则提示用户输入错误。

编写代码如下。

```
while True:
    try:
        a = eval(input('请输入一个正整数:'))
        if a > 0 and type(a) == int:
            print(a)
            break
```

```
        else:
            print("请输入正整数")
    except:
        print("请输入正整数")
```

10. 多行格式化输出

接收用户输入的一个小于 20 的正整数,在屏幕上逐行递增显示从 01 到该正整数,数字实现的宽度为 2,不足位置补 0,后面追加一个空格,然后显示">"号,">"号的个数等于行首数字。例如:

输入:

3

输出:

01 >

02 >>

03 >>>

分析:用 for 控制输出数字的个数,考查 format()格式的使用方法,n 个">"可以使用字符的乘法实现。

执行代码如下。

```
n = input('请输入一个正整数:')
for i in range(int(n)):
    print('{:0>2} {}'.format(i + 1, ">" * (i + 1)))
```

11. 统计数字和字母数量

让用户输入一串数字和字母混合的数据,然后统计其中数字和字母的个数,显示在屏幕上。例如:

输入:

Fda243fdw3

输出:

数字个数:4,字母个数:6

分析:首先定义字符串变量获取用户输入,然后对字符串用 for 循环进行遍历,在循环体中,用字符串操作方法 isnumeric()判断是否是数字,用 isalpha()判断是否是字母,如果是,则给相应的统计个数的变量加 1,最后输出统计结果。

编写代码如下。

```
ns = input("请输入一串数据:")
dnum, dchr = 0, 0               # 双变量赋值方式
for i in ns:
    if i.isnumeric():          # 如果是数字字符
        dnum += 1
    elif i.isalpha():
        dchr += 1
    else:
        pass # 空语句,为了保持程序结构的完整性,用于占位
```

```
print('数字个数:{},字母个数:{}'.format(dnum,dchr))
```

12. 生成通知书

已有列表 std = [['张三',90,87,95],['李四',83,80,87],['王五',73,57,55]],将 std 列表里的姓名和成绩与已经定义好的模板拼成一段话,显示在屏幕上。例如:

亲爱的张三,你的考试成绩是英语 90,数学 87,Python 语言 95,总成绩 272.特此通知。

分析:本例主要考查 for 循环对列表的遍历方法。

编写代码如下。

```
std = [['张三',90,87,95],['李四',83,80,87],['王五',73,57,55]]
modl = "亲爱的{},你的考试成绩是:英语{},数学{},Python 语言{},总成绩{}.特此通知."
for st in std:
    cnt = 0                 #总成绩初始值
    for i in range(3):      #循环三科成绩
        cnt += st[i+1]      #成绩求和
    print(modl.format(st[0],st[1],st[2],st[3],cnt))
```

13. 计算用户输入数字和并格式化输出

接收用户输入的一个大于 10 且小于 10 的 8 次方的十进制正整数,输出这个正整数各字符的和,以 25 位宽度、居中显示,采用等号"="填充。

例如:

输入:

1357

输出:

===========16============

分析:首先获取用户输入,然后用 for 循环将用户输入的每一位上的数字相加,最后按要求输出对应的格式。

编写代码如下。

```
s = input("请输入一个正整数: ")
cs = 0                      #求和初始值
for c in s:
    cs += int(c)            #字符转整型
print('{:=^25}'.format(cs))
```

14. 统计中文字符个数

接收用户输入的数据,该数据仅由字母和中文混合构成,无其他类型字符,统计并输出中文字符出现的个数。

分析:判断一个字符是否是中文,可以使用 Unicode 编码来判断,中文字符在 '\u4e00' 和 '\u9fff' 之间。

编写代码如下。

```
s = input("请输入中文和字母的组合: ")
count = 0                   #和的初始值
```

```
for c in s:
    if u'\u4e00' < = c < = '\u9fff':
        count += 1
print(count)
```

15. 输出最大值

接收用户输入的以英文逗号分隔的一组数据,其中,每个数据都是整数或浮点数,打印输出这组数据中的最大值。例如:

输入:

1,3,5,7,9,7,5,3,1

输出:

9

分析:首先获取用户输入,并通过 split(",")以逗号为分隔符将用户输入的数字分隔为列表。由于用户输入的数据类型为 str 类型,故需要用 for 循环将列表的每个元素用 eval()转换为数字,再重新追加到新列表中,最后用 max()输出新列表中的最大值。

编写代码如下。

```
s = input("请输入一组数据:")
ls = s.split(",")
lt = []
for i in ls:
    lt.append(eval(i))
print(max(lt))
```

16. 生成指定字母

按照小写字母 a~z 顺序组成包含 26 个字母的字符表。其中,第一个字符 a 序号为 0,依次递增。程序获得用户输入的起始字母序号及连续输出字母的个数,分别记为变量 h 和 w,以逗号隔开,并根据字符表输出从起始字母序号 h 开始的连续 w 个字母。

示例如下(其中数据仅用于示意)。

输入:

0,3

输出:

abc

分析:首先,获取用户输入起始英文字母的序号和连续输出的个数,保存到变量 h 和 w 中,然后用 for 循环控制输出字符的个数,每次循环时,用 chr()将字母编码转换为对应字符,字母编码由 ord('a')与起始英文字母序号和输出编号之和计算,将每次循环生成的字符连接到新的字符串变量中,最后输出新字符串变量即可。

编写代码如下。

```
h,w = eval(input("请输入起始英文字母的序号和连续输出的个数,以逗号隔开:"))
cstr = ''
for i in range(w):
```

```
        c = chr(ord() + h + i)
        cstr += c
print(cstr)
```

17. 计算数字和并输出

获取一个由英文逗号、字母、汉字、数字字符组成的输入(以英文逗号隔开),计算该输入中所有数字的和,并输出。

示例如下。

输入:

1,海淀区,ab,56,3,中关村

输出:

数字和是:60

分析:本例中需要解决两个难点,一是将用户输入数据以逗号分隔转变为列表,需要使用 split()函数;二是用 for 循环将每个列表元素相加,在相加之前需要将列表元素转变为数字类型,可以使用内置函数 eval()。

编写代码如下。

```
myinput = input("请输入:")
ls = myinput.split(',')
s = 0
for c in ls:
    if c.strip(" ").isdigit():
        s += eval(c)
print("数字和是:" + str(s))
```

18. 列表向量积计算

计算两个列表 ls 和 lt 彼此对应元素乘积的和(即向量积)。

ls = [111,222,333,444,555,666,777,888,999]

lt = [999,777,555,333,111,888,666,444,222]

分析:用 for 循环分别遍历两个列表,将对应列表元素相乘,再加到变量 s 中。

编写代码如下。

```
ls = [111, 222, 333, 444, 555, 666, 777, 888, 999]
lt = [999, 777, 555, 333, 111, 888, 666, 444, 222]
s = 0
for i in range(len(ls)):
    s += ls[i] * lt[i]
print(s)
```

19. 录入成绩并输出最高分、最低分和平均分

从键盘输入小明学习的课程名称及考分等信息,信息之间采用空格分隔,每个课程一行,空行回车结束录入,示例格式如下。

视频讲解

数学 90

语文 95

英语 86

物理 84

生物 87

屏幕输出得分最高的课程及成绩、得分最低的课程及成绩,以及平均分(保留 2 位小数)。注意,其中逗号为英文逗号,格式如下。

最高分课程是语文 95,最低分课程是物理 84,平均分是 88.40

分析:

第 1 步,初始化变量。

首先,定义变量来获取用户输入的课程名和成绩,输入内容之间以空格分隔,然后用 split()将用户输入的数据转换为列表,并将初次录入的课程名和成绩分别赋值到最高分、最低分对应的课程和成绩变量中。

第 2 步,处理用户之后的输入。

使用 while 循环,以空格为终止符,在循环体中,首先获取用户每一次的输入,并对输入的字符串转换为列表处理,然后用 if 语句判断成绩大小,如果当次输入的成绩最小,则更新最小成绩与科目变量,如果最大,则更新最大成绩与科目变量。并对循环次数设定变量进行统计,将每次输入的成绩加到 *s* 中求和。

第 3 步,输出处理结果。

用 print()语句,使用 format()结构来输出最高分课程与成绩、最低分课程与成绩,以及平均分。

编写代码如下。

```python
data = input('请输入课程名称 成绩:')  #课程名 考分
ls = data.split()
min_score = int(ls[1])
min_name = ls[0]
max_score = int(ls[1])
max_name = ls[0]
n = 1
sum = int(ls[1])
while data:
    data = input('请再次输入课程名称 成绩:')
    if data == " ":
        break
    n += 1
    lt = data.split()
    if min_score > int(lt[1]):
        min_score = int(lt[1])
        min_name = lt[0]
    if max_score < int(lt[1]):
        max_score = int(lt[1])
        max_name = lt[0]
    sum += int(lt[1])
avg = sum/n
print("最高分课程是{} {}, 最低分课程是{} {}, 平均分是{:.2f}".format(max_name,max_score,
min_name,min_score,avg))
```

20. 统计数量

从键盘输入一组我国高校所对应的学校类型,以空格分隔,共一行,示例格式如下。

综合　理工　综合　综合　综合　师范　理工

统计各类型的数量,以数量从多到少的顺序在屏幕上输出类型及对应数量,以英文冒号分隔,每个类型一行,输出参考格式如下。

综合:4

理工:2

师范:1

分析:本题考查的主要知识点有三个。一是用户录入数据以空格分隔存储到列表中,使用 split()实现;二是用字典来统计数量的经典考法,要用到 d.get()方法;三是用字典统计好数量后,将其转换为列表,对列表进行排序,使用 ls.sort()以及匿名函数。

编写代码如下。

```
txt = input("请输入类型序列: ")
t = txt.split()
d = {}
for i in range(len(t)):
    d[t[i]] = d.get(t[i],0) + 1
ls = list(d.items())
ls.sort(key = lambda x:x[1], reverse = True)        ♯按照数量排序
for k in ls:
    print("{}:{}".format(k[0], k[1]))
```

21. 计算平均年龄

从键盘输入一组人员的姓名、性别、年龄等信息,信息之间采用空格分隔,每人一行,空行回车结束录入,示例格式如下。

张三 男 23

李四 女 21

王五 男 18

计算并输出这组人员的平均年龄(保留 2 位小数)和其中的男性人数,格式如下。

平均年龄是 20.67 男性人数是 2

分析:本例中需要首先对用户输入数据以空格分隔转换为列表对象,然后用 while 循环,分别对列表中的年龄相加,并统计个数,同时判断如果性别为"男",另外统计其数量,最后计算并输出平均年龄和男性人数。

编写代码如下。

```
data = input() ♯姓名 性别 年龄
s,n,i = 0,0,0
while data:
    i = i + 1
    ls = data.split()
    s = s + int(ls[2])
    if ls[1] == '男':
        n = n + 1
    data = input()
    if data == " ":
        break
s = s/i
```

```
print("平均年龄是{:.2f} 男性人数是{}".format(s,n))
```

22. 数字三角阵列

获得用户输入的一个整数 n,输出一个 $n-1$ 行的数字三角形阵列。该阵列每行包含的整数序列为从该行序号开始到 $n-1$。例如,第 1 行包含 $1\sim n-1$ 的整数,第 i 行包含从 1 到 $n-1$ 的整数,数字之间用英文空格分隔。示例如下(其中数据仅用于示意)。

输入:

8

输出:

1 2 3 4 5 6 7

2 3 4 5 6 7

3 4 5 6 7

4 5 6 7

5 6 7

6 7

7

分析:本题要使用嵌套循环,首先看行号 i 的变量范围是 $1\sim n-1$,每一列循环变量 j 的范围为 $i\sim n-1$,输出相应的值即可。

编写代码如下。

```python
n = eval(input("请输入一个整数:"))
for i in range(1,n):
    for j in range(i,n):
        print(j,end = ' ')
    print()
```

23. 数列求和

如果 n 为奇数,输出表达式 $1+1/3+1/5+\cdots+1/n$ 的值。如果 n 为偶数,输出表达式 $1/2+1/4+1/6+\cdots+1/n$ 的值。输出结果保留 2 位小数。

输入:

4

输出:

0.75

分析:本例主要考点在于循环的次数与表达式的推导。奇偶数的判断:用 $n\%2==0$ 可判断是偶数,否则为奇数。循环的 range() 中,偶数的分母范围为 rang(2,n+1,2),奇数的分母范围为 rang(1,n+1,2),循环体中表达式为 s+=1/i。

编写代码如下。

```python
n = eval(input("请输入一个整数:"))
s = 0
if n % 2 == 0:
    for i in range(2,n + 1,2):
```

```
        s += 1/i
else:
    for i in range(1, n + 1, 2):
        s += 1/i
print(f'{s:.2f}')
```

24. 字符串拼接

用户按照列表格式输入数据,将用户输入的列表中属于字符串类型的元素连接成一个整字符串,并打印输出。

输入:

[123, "Python", 98, "等级考试"]

输出:

Python 等级考试

分析:本例中,主要考点是从用户输入的列表中提取出字符串类型,并将其连接起来输出。可以用 type() 来判断列表元素的类型是否是字符串,用字符串的加法来连接字符串。

编写代码如下。

```
ls = eval(input())
s = ""
for item in ls:
    if type(item) == type("香山"):
        s += item
print(s)
```

25. 统计字符串

获取用户输入,要求输入不带数字的文本,并统计字符串的长度。

分析:用 while True 来控制用户的多次输入,搭配 break 来退出循环。在循环体中,首先获取用户输入,然后用 for 循环遍历字符串,如果某字符串在 0～9,那么将 i 的值由初始的 0 加 1,这样可以作为出现数字的标记,在对字符串循环结束后,如果 i 的值仍然为 0,那么表明用户输入内容中没有出现数字,则可以退出 while 循环,否则进入下一次循环,最后输出结果。

编写代码如下。

```
while True:
    s = input("请输入不带数字的文本:")
    i = 0
    for p in s:
        if "0" <= p <= "9":
            i = i + 1
    if i == 0:
        break
print(len(s))
```

🔑 3.5　异常处理

程序设计要考虑各种可能出现的错误,即使程序语法是正确的,运行时也可能会报错,影响整个程序的运行。因此 Python 设计了强大的异常处理机制,对程序执行过程中出现的异常进行捕获并处理,使程序能够继续执行下去。

3.5.1 异常类型

Python 提供了强大的异常类 Exception,可以向用户准确反馈出错信息。常见的异常或错误名称如表 3-3 所示。

表 3-3 Python 常见的异常或错误名称

异常或错误名称	功 能 描 述	异常或错误名称	功 能 描 述
BaseException	所有异常的基类	NameError	未声明/初始化对象(没有属性)
SystemExit	解释器请求退出	UnboundLocalError	访问未初始化的本地变量
KeyboardInterrupt	用户中断执行(通常是按 Ctrl+C 组合键)	ReferenceError	弱引用(Weak Reference)试图访问已经被垃圾回收了的对象
Exception	常规错误的基类	RuntimeError	一般的运行时错误
StopIteration	迭代器没有更多的值	NotImplementedError	尚未实现的方法
GeneratorExit	生成器(generator)发生异常来通知退出	SyntaxError	Python 语法错误
StandardError	所有的内建标准异常的基类	IndentationError	缩进错误
ArithmeticError	所有数值计算错误的基类	TabError	Tab 和空格混用
FloatingPointError	浮点计算错误	SystemError	一般的解释器系统错误
OverflowError	数值运算超出最大限制	TypeError	对类型无效的操作
ZeroDivisionError	除(或取模)零(所有数据类型)	ValueError	传入无效的参数
AssertionError	断言语句失败	UnicodeError	Unicode 相关的错误
AttributeError	对象没有这个属性	UnicodeDecodeError	Unicode 解码时的错误
EOFError	没有内建输入,到达 EOF 标记	UnicodeEncodeError	Unicode 编码时错误
EnvironmentError	操作系统错误的基类	UnicodeTranslateError	Unicode 转换时错误
IOError	输入/输出操作失败	Warning	警告的基类
OSError	操作系统错误	DepreciationWarning	关于被弃用的特征的警告
WindowsError	系统调用失败	FutureWarning	关于构造将来语义会有改变的警告
ImportError	导入模块/对象失败	OverflowWarning	旧的关于自动提升为长整型(long)的警告
LookupError	无效数据查询的基类	PendingDeprecation Warning	关于特性将会被废弃的警告
IndexError	序列中没有此索引(index)	RuntimeWarning	可疑的运行时行为(Runtime Behavior)的警告
KeyError	映射中没有这个键	SyntaxWarning	可疑的语法的警告
UserWarning	用户代码生成的警告	MemoryError	内存溢出错误(对于 Python 解释器不是致命的)

3.5.2 异常情况处理

在程序设计中对各种可以预见的异常情况进行处理称为异常处理。合理恰当地使用异常处理可以使程序更加健壮,具有更强的容错性和更好的用户体验,不会因为用户不小心的错误输入或其他原因而造成程序运行终止。Python 中异常处理是通过一些特殊结构的语句实现的,主要有以下几种结构形式。

1. try…except…结构

语法结构:

```
try:
        代码块 1      #此处放置可能引起异常的语句
except Exception [as reason]:
        代码块 2      #如果 try 中代码块不能正常执行,则执行此处代码块进行异常处理
```

例 3-24:计算 5 除以 x 的值,其中,x 需要用户输入。如果用户输入 0,会报错导致程序不能继续运行,使用 try…except 异常处理来避免程序错误。

```
a = input("请输入除数:")
try:
    x = int(a)
    print(5/x)
except Exception:
    print("输入数值有误")
```

提示:except 后面可以跟 Exception,也可以跟具体的错误类型,如本题也可写为 except ZeroDivisionError,也可以省略不写,即只有 except。

执行结果:

```
请输入除数:6
0.8333333333333334
请输入除数:0
输入数值有误
请输入除数:a
输入数值有误
```

2. try…except…else…结构

语法结构:

```
try:
        代码块 1      #此处放置可能引起异常的语句
except Exception [as reason]:
        代码块 2      #如果 try 中代码块不能正常执行,则执行此处代码块进行异常处理
else:
        代码块 3      #如果 try 中的代码没有引发异常,则在执行完 try 中的代码后,继续执行此处
        #代码块
```

例 3-25:计算 5 除以 x 的值,其中,x 需要用户输入。如果用户输入 0,会报错导致程序不能继续运行,使用 try…except…else…异常处理来避免程序错误。

```
a = input("请输入除数:")
try:
    x = int(a)
    print(5/x)
except ZeroDivisionError:
    print("被零除")
else:
    print("正确")
```

执行结果:

```
请输入除数:6
0.8333333333333334
正确
请输入除数:0
被零除
请输入除数:a
Traceback (most recent call last):
  File "d:\PycharmProjects\pythonProject4\main.py", line 3, in < module >
    x = int(a)
        ^^^^^^
ValueError: invalid literal for int() with base 10: 'a'
```

提示:else 后的代码块只有当 try 语句未出现异常时才执行,一旦执行了 except 语句, else 中的代码块是不被执行的。本例中输入字母"a"时程序报错,原因在于未能设置相应的错误异常处理,这就需要了解多个 except 的结构。

3. 带有 try…多个 except…的结构

如果上例用户在输入时,输入的是非数值,使用 except ZeroDivisionError 排查异常可能还不够,还会出现数值类型的错误,这时需要用多个 except…结构,其语法结构为

```
try:
    代码块 1             # 可能引发异常的代码块
except Exception1:       # Exception1 是可能出现的一种异常
    代码块 2             # 处理 Exception1 异常的语句
except Exception2:       # Exception2 是可能出现的另一种异常
    代码块 3             # 处理 Exception2 异常的语句
[else:]                  # 可以没有 else 子句块
    代码块 4             # 在以上所有 Exception 异常都未出现时,执行此处代码块
```

例 3-26:计算 5 除以 x 的值,其中,x 需要用户输入。如果用户输入 0,会报错导致程序不能继续运行,使用 try…多个 except…异常处理来避免程序错误。

```
a = input("请输入除数:")
try:
    x = int(a)
    print(5/x)
except ZeroDivisionError:
    print("被零除")
except ValueError:
    print("输入的不是数字")
else:
    print("正确")
```

执行结果如下：

```
请输入除数:6
0.8333333333333334
正确
请输入除数:0
被零除
请输入除数:a
输入的不是数字
请输入除数:python
输入的不是数字
```

4. try…except…finally…结构

语法结构：

```
try:
        代码块 1                    # 可能引发异常的代码块
except Exception [as reason]:    # 此语句也可直接写成 except:
        代码块 2                    # 用来处理异常的代码块
finally
        代码块 3                    # 无论异常是否发生此处代码块都会执行
```

例 3-27：计算 5 除以 x 的值，其中，x 需要用户输入。如果用户输入 0，会报错导致程序不能继续运行，使用 try…except…finally…异常处理来避免程序错误。

```
a = input("请输入除数:")
try:
    x = int(a)
    print(5/x)
except:
    print("输入错误")
finally:
    print("下一步")
```

执行结果：

```
请输入除数:6
0.8333333333333334
下一步
请输入除数:0
输入错误
下一步
请输入除数:a
输入错误
下一步
请输入除数:python
输入错误
下一步
```

提示：在本例中，finally 与上文的 else 不同，else 语句仅当 try 语句正常执行时才执行，而 finally 不论执行的是 try 还是 except 语句，均要执行 finally 语句。

在上述 4 种异常处理的方法中，如果不必知道具体的错误或异常类型，最常用的是第 1 种 try…except 语句。

⚷ 小结

本章内容思维导图如图 3-9 所示。

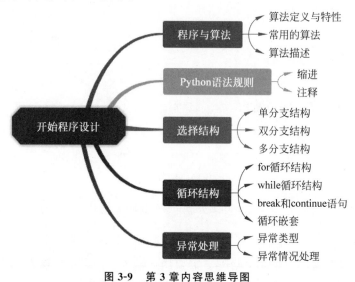

图 3-9   第 3 章内容思维导图

⚷ 习题

在线测试

一、选择题

1. 以下代码的执行结果是(   )。

```python
a = eval("12 + 3")
if type(a) == type(123):
    print("整数类型")
elif type(a) == type("123"):
    print("字符串类型")
else:
    print("其他类型")
```

    A. 字符串类型　　　B. 其他类型　　　C. 代码执行错误提示　　　D. 整数类型

2. 以下关于 Python 分支的说法中,错误的是(   )。

    A. Python 分支结构使用保留字 if、elif 和 else 来实现,每个 if 后面必须有 elif 或 else

    B. if…else 结构是可以嵌套的

    C. if 语句会判断 if 后面的逻辑表达式,当表达式为真时,执行 if 后续的语句块

    D. 缩进是 Python 分支语句的语法部分,缩进不正确会影响分支功能

3. 以下关于 Python 循环结构的说法中,错误的是(   )。

    A. while 循环使用 break 保留字能够跳出所在层循环体

B. while 循环可以使用保留字 break 和 continue

C. while 循环也叫遍历循环,用来遍历序列类型中的元素,默认提取每个元素并执行一次循环体

D. while 循环使用 pass 语句,则什么事也不做,只是空的占位语句

4. 以下关于程序控制结构的说法,错误的是(　　)。

A. Python 里能用分支结构写出循环的算法

B. 二分支结构可以嵌套组合形成多分支结构

C. 分支结构包括单分支结构、二分支结构和多分支结构

D. 程序由三种基本结构组成

5. 以下代码的输出结果是(　　)。

```
x = 10
while x:
    x -= 1
    if x % 2:
        print(x, end = '')
    else:
        pass
```

A. 86420　　　　　　B. 975311　　　　　　C. 97531　　　　　　D. 864200

6. 以下代码的输出结果是(　　)。

```
for i in range(3):
    for s in "abcd":
        if s == "c":
            break
        print(s, end = "")
```

A. ababab　　　　　　B. abcabcabc　　　　　　C. aaabbb　　　　　　D. aaabbbccc

二、操作题

1. 从键盘输入一个正整数,判断奇偶数,然后输出结果(要求用 input 函数从键盘输入)。

2. 使用三种方法写出求 $1+2+3+\cdots+100$ 的和。

3. 编写程序,求 $1\sim100$ 中所有偶数的和。

4. 设计一个用户登录程序。

要求:设定用户账户名为 root,密码是 12345。判断用户名和密码是否正确。为了防止暴力破解,登录仅有三次机会,如果超过三次,程序报错并结束。

5. 获取 100 以内的质数。质数又称为素数,指在一个大于 1 的自然数中,除了 1 和此整数自身外,不能被其他自然数整除的数。

第 **4** 章

函数与模块

CHAPTER **4**

【教学目标】

知识目标:
- 理解函数的定义、调用和参数传递。
- 了解变量的作用域、递归函数和 lambda 匿名函数。
- 掌握模块和包的导入和使用。

技能目标:
- 能够编写和调用自定义函数,能够使用模块和包进行编程。
- 学会使用 lambda 匿名函数。

情感与思政目标:
- 培养模块化编程的思维方式,提高代码的可读性和可维护性。
- 培养团队协作精神和模块化思维。

【引言】

在前文中,读者学会了按照 Python 的语法,定义数据,设计算法,并遵循一定的程序结构来编写程序,解决问题。然而,有时需要反复使用编写好的程序功能,如果复制多份代码,程序的可读性会很低,为了提高代码的复用性,使得程序更加精简,Python 提供了函数和模块来编写代码复用。

🔑 4.1　函数

函数(Function)即功能,是组织好的、可重复使用的、用来实现单一或某些相关联功能的代码段。Python 中的函数分为系统函数和自定义函数两类。

系统自带的函数功能即前文介绍的内置函数,是系统已经写好的,如输出函数 print()、输入函数 input()、最大值函数 max()、计数函数 count()、类型函数 type()等,此处不再赘述,本章主要学习自定义函数。

4.1.1　函数的定义与调用方法

自定义函数的语法格式:

```
def 函数名(a1, a2, …):
     语句序列
     [return x]
```

其中,def 是系统保留字,函数体相对于 def 关键字必须保持一定的缩进,语句序列是函数体,return x 是返回值。要注意的是:在定义函数时,参数可以有,也可以没有,return 也可以缺失。

定义的函数可以反复调用,调用函数的语法格式:

函数名(<实际赋值参数列表>)

例 4-1:编写 hello()函数,输出"hello,python!"(无参数无 return)。

```
def hello():          ♯定义
    print('hello, python!')
hello()               ♯调用该函数
```

执行结果:

```
hello, python!
```

例 4-2:编写 hello()函数,返回"hello,python",用 print 输出 hello()函数内容(无参数有 return)。

```
def hello():          ♯ 定义
    return 'hello, python!'
print(hello())        ♯调用
```

执行结果:

```
hello, python!
```

例 4-3:编写 hello(n)函数,功能是输出 n 遍"hello,python",并调用此函数输出 5 遍(有参数无 return)。

```
def hello(n):         ♯定义
    for i in range(n):
        print('hello, python!')
hello(5)              ♯调用
```

执行结果：

```
hello, python!
hello, python!
hello, python!
hello, python!
hello, python!
```

例 4-4：编写 $n!$ 的阶乘函数，并计算 10!（有参数有 return）。

```python
def jiecheng(n):
    s = 1
    for i in range(1, n + 1):
        s * = i
    return s
print(jiecheng(10))
```

执行结果：

```
3628800
```

4.1.2　函数的参数

函数的参数分为形参和实参。

形参全称为"形式参数"，是在定义函数名和函数体的时候使用的参数，目的是用来接收调用该函数时传递的参数。它仅仅是形式上的参数，表明一个函数里面哪个位置有哪个参数而已，不代表具体的值。

实参全称为"实际参数"，是一个实际存在的参数，可以是字符串或是数字等。一般出现在函数调用的时候，需要传递具体的值。

函数参数的调用过程，首先是将实际参数传递给形式参数变量，然后执行函数体语句，最后返回。例如，jiecheng(10)的调用，就是将 10 传递给形式参数变量 n，然后执行函数体语句，最后返回所求的阶乘。

函数的参数传递，可以按位置参数传递，也可以按形参的变量名（即关键字参数）传递，还可以给参数赋予初始值。

1. 位置参数

调用函数时，在函数的参数位置按顺序输入了相应的数据，即位置参数。

例 4-5：编写函数，功能是将前两个参数相加，减去第三个参数，返回结果，并调用。

```python
def calculate(a, b, c):
    return a + b - c
print(calculate(3, 4, 2))
```

执行结果：

```
5
```

在本例调用函数时，参数 3 赋值于 a，4 赋值于 b，2 赋值于 c，三个参数按位置顺序依次赋值给了形参 a、b、c。

2. 关键字参数

如果一个函数有多个参数,在调用时,若不想按位置顺序提供实参,那么可以通过按形参的变量名来传递参数。这种参数传递方式称为关键字参数。关键字参数必须跟在位置参数之后,并且它们的顺序并不重要。

例 4-6:编写函数,功能是将前两个参数相加,减去第三个参数,返回结果,并调用。

```
def calculate(a,b,c):
    return a + b − c
print(calculate(3,c = 2,b = 4))
```

执行结果:

```
5
```

在本例中,第一个参数 3 是按位置参数传递给 a,c = 2 和 b = 4 是按关键字参数传递,分别传递给 c 和 b。

3. 默认值参数

在自定义函数时,形参可以指定默认值。若形参有默认值,要将其放置于关键字参数之后。

例 4-7:编写函数,功能是将前两个参数相加,减去第三个参数,返回结果,并调用。要求默认第二个参数为 5。

```
def calculate(a,c,b = 5):
    return a + b − c
print(calculate(3,2))
```

执行结果:

```
6
```

本例中,参数 3 和 2 按位置参数传递,b = 5 是指定的默认值。在 print(values,sep,end,file,flush)语句中,也指定了默认值参数 sep = "\n"。

4. 可变长参数

Python 中可变长度参数有两种形式,分别是 * args 和 ** kwds。 * args 将接收到的多个实参放在一个元组中,** kwds 将接收到的键值对实参存入字典中。

例 4-8:定义函数,包含三个参数和不定长参数 * args,并分别输出三个参数和 * args。

```
def demo(a, b, c, * p):
    print(a, b, c)
    print(p)
demo(1, 2, 3, 4, 5, 6)
```

执行结果:

```
1 2 3
(4, 5, 6)
```

在本例中可以看到,参数 * p 的类型是元组。

例 4-9：定义函数,包含一个参数和不定长参数 ** kwds,赋值调用并输出结果。

```
def demo(a, ** p):
    print(a,p)
demo('水果',b = 3,c = 2,d = 5)
```

执行结果:

```
水果 {'b': 3, 'c': 2, 'd': 5}
```

在本例的函数调用中,"水果"按位置参数传递到形参 a 中,"b=3,c=2,d=5"按字典的键值对关系传递到 ** p 中。

4.1.3　变量的作用域

变量的作用域就是变量起作用的范围,或者说是可以被哪部分程序访问,也可以称为命名空间。一个变量在函数内部和外部定义的,其作用范围不同,根据程序中变量所在的位置和作用范围,变量分为局部变量和全局变量。

局部变量可以说就是指函数内部定义的变量,仅在函数内部起作用,当函数退出时,变量将不存在。全局变量指在函数外定义的变量,在整个程序执行过程中有效。

全局变量如若要在函数内部使用,须在函数内部先用关键字 global 声明,格式为

```
global <全局变量>
```

例 4-10：执行以下代码,查看函数内和函数外变量 s 的值。

```
s = 10
def f(x,y):
    s = x * y
    print("这是函数内部的变量 s:",s)
f (3,4)
print("这是函数外部的变量 s:",s)
```

执行结果:

```
这是函数内部的变量 s: 12
这是函数外部的变量 s: 10
```

在本例中,s 的初始值是 10,在函数内部的 s 用于获取 x 和 y 的积,函数内部的变量 s 仅作用于函数内,因此,执行结果中,函数内部的变量 s 的值为 12,函数外部的变量 s 的值仍然是 10。

例 4-11：将例 4-10 中函数外部的变量 s 设为全局变量,在函数内外代表同一个变量对象。

```
s = 10
def f(x,y):
    global s
    s = x * y
    print("这是函数内部的变量 s:",s)
f (3,4)
print("这是函数外部的变量 s:",s)
```

执行结果：

```
这是函数内部的变量 s: 12
这是函数外部的变量 s: 12
```

需要注意的是,虽然全局变量的作用范围是全部程序,但是不建议多用全局变量。全局变量的使用降低了软件的质量,使程序的调试、维护变得困难。

4.1.4　递归函数

在函数的定义中,函数内部的语句调用函数本身,称为递归函数。

例 4-12：使用递归函数来定义计算阶乘的函数。

视频讲解

```python
def jiecheng(n):
    if n == 0:
        return 1
    else:
        return n * jiecheng(n - 1)
# 调用
print(jiecheng(8))
```

执行结果：

```
40320
```

在本例中,n 的阶乘等于 $n-1$ 的阶乘再乘以 n,而当 n 递归到 0 的时候,阶乘值为 1,因此,递归的算法比传统的算法更为简洁明了。

4.1.5　lambda 匿名函数

Python 使用 lambda 语句来创建匿名函数。lambda 只是一个表达式,函数体比 def 简单很多。

lambda 函数的语法只包含一个语句：

```
<函数名> = lambda <参数列表>:<表达式>
```

例 4-13：定义 f＝lambda x：x＋1,并调用。

```python
f = lambda x:x + 1
print(f(3))
```

执行结果：

```
4
```

例 4-14：定义 f＝lambda x,y：x＋y＋1,并调用。

```python
f = lambda x,y:x + y + 1
print(f(3,4))
```

执行结果：

```
8
```

例 4-15：有二维水果列表 list1＝[['苹果',17],['香蕉',4],['橘子',50],['荔枝',30],['西瓜',3]],以每个水果后面的数字降序排序。

```
list1 = [['苹果',17],['香蕉',4],['橘子',50],['荔枝',30],['西瓜',3]]
list1.sort(key = lambda x:x[1],reverse = True)
print(list1)
```

执行结果：

[['橘子', 50], ['荔枝', 30], ['苹果', 17], ['香蕉', 4], ['西瓜', 3]]

从以上示例可以看出，用 lambda 函数减少了代码的冗余，不用费神地去命名一个函数的名字，可以快速地实现某项功能，使代码的可读性更强，程序看起来更加简洁。

视频讲解

4.1.6　精选案例

社会平均工作时间是每天 8 小时（不区分工作日和休息日），一位计算机科学家接受记者采访时说，他每天工作时间比社会平均工作时间多 3 小时。如果这位科学家的当下成就值是 1，假设每工作 1 小时成就值增加 0.01%，计算并输出两个结果：这位科学家 5 年后的成就值，以及达到成就值 100 时所需要的年数。其中，成就值和年份都以整数表示，每年以365 天计算。

输出格式示例：

5 年后的成就值是 xxx

xx 年后成就值是 100

分析：

第 1 个问题，求 5 年后的成就值。定义一个函数 calv，用来计算 day 天后的成就值。根据题意，工作 1 小时会增加成就值的 0.01%，因此计算出工作 1 小时的成就为 $1+0.0001$，所以工作 n 小时的成就为 $(1+0.001)$ 的 n 次幂。

第 2 个问题，求多少年后成就值是 100。使用 while 函数，定义 year 变量初始值为 1，每次循环 year+1，成就值相应增加，最后输出 year 的值即可。

编写代码如下。

```
scale = 0.0001
def calv(base,day):
    val = base * pow(1 + scale,day * 11)
    return val
print('5 年后的成就值是{}'.format(int(calv(1,5 * 365))))
year = 1
while calv(1,year * 365)< 100:
    year += 1
print('{}年后成就值是 100'.format(year))
```

4.2　模块与包

为了编写代码复用，只有函数还不够，因为函数的作用范围只在当前的 Python 文件内，在另一个文件中则无法使用之前定义好的函数功能。这时，可建立专门的 Python 文件来保存自己定义好的函数，再通过调用此文件来实现函数功能，这个 Python 文件就是模块。在日常编程应用中，经常要用到其他人定义好的模块和包，如 Python 自带了标准库

math、random、os、time 等,也可以下载第三方库,这些内容将在第 7 章中详细介绍。

4.2.1 模块

模块的创建,就是新建一个 Python 文件,并在文件中自定义多个函数,保存好文件。

创建好模块文件后,有以下三种导入与调用模块的方式。

第 1 种:import 模块名[as 模块别名]

调用模块:模块名.函数名,或模块别名.函数名。

第 2 种:from 模块名 import 函数名

调用模块:直接使用模块中导入的函数。

第 3 种:from 模块名 import *

调用模块:直接使用模块中的所有函数。

例 4-16:创建一个模块 mk1.py,包含 hello()函数、面积计算函数和阶乘计算函数。分别调用查看结果。

(1) 在当前项目文件夹中新建 mk1.py 文件,并输入以下内容。

```python
def hello(name):
    '''hello 函数'''
    print(f"你好,{name}")
def mianji(a,b):
    '''计算面积'''
    return a * b
def jiecheng(n):
    '''计算阶乘'''
    s = 1
    for i in range(1,n + 1):
        s * = i
    return s
```

(2) 在 main.py 文件中输入以下内容,调用 mk1 中的函数。

```python
# 方法一:用 import 方法调用
import mk1
mk1.hello("Amy")
print(mk1.mianji(3,5))
print(mk1.jiecheng(10))
# 方法二:用 from mk1 import 函数的方法调用
from mk1 import hello,mianji,jiecheng
hello("Amy")
print(mianji(3,5))
print(jiecheng(10))
# 方法三:用 from mk1 import * 的方法调用
from mk1 import *
hello("Amy")
print(mianji(3,5))
print(jiecheng(10))
```

三种方法的相同执行结果:

```
你好,Amy
15
3628800
```

例 4-17：使用 Python 自带的标准库 math，求半径为 5cm 的圆的面积，保留一位小数。

```python
import math
r = 5
s = math.pi * r ** 2
print(f"半径为 5cm 的圆的面积为:{s:.1f}平方厘米。")
```

执行结果：

半径为 5cm 的圆的面积为:78.5 平方厘米。

4.2.2 __name__

Python 中为了区分代码块是单独运行，还是作为模块导入到另一个代码块中进行运行，可通过对模块的__name__属性值的判断来进行识别。

模块作为单独的程序运行时，__name__的属性值是"__main__"；而作为模块导入时，__name__属性的值就是该模块的名字了。因此，在编写模块的 py 程序文件时，都需要在最后增加 if __name__ ＝＝"__main__"的判断，在 if 语句块内，通常会写入执行测试的代码，或示例用法等内容。

例 4-18：完善 mk1.py 的内容，增加 if __name__ ＝＝ "__main__"的判断语句。

```python
def hello(name):
    '''hello 函数'''
    print(f"你好,{name}")
def mianji(a,b):
    '''计算面积'''
    return a * b
def jiecheng(n):
    '''计算阶乘'''
    s = 1
    for i in range(1,n + 1):
        s * = i
    return s
if __name__ == "__main__":
    hello("test")
    print(jiecheng(5))
```

4.2.3 包

包(Packages)可以理解为一组模块的容器，并用"包. 模块"的方式来构建命名空间。以文件系统来类比的话，可以将包视为文件系统上的目录，而将模块视为目录中的文件，包中必须包含一个名为"__init__. py"的文件，__init__. py 文件的内容可以是空的，仅用于表示该目录是一个包，也可以写入一些初始化代码。包也可以嵌套，即把子包放在某个包内。

如何能在其他项目文件中使用自定义好的包中的模块文件呢？ 可将包的文件夹复制到 Python 安装目录下的 Lib 文件夹，即可在其他项目文件中使用。

引用包(Package)中的模块有以下两种方法。

方法一：from 包. 模块 import 函数

方法二：from 包 import 模块

例 4-19：在"D:\"目录下新建文件夹 demo，将上文中的 mk1. py 文件移动到此文件夹中，在 demo 文件夹中新建一个空的__init__. py 文件，并将 demo 文件夹移动到"C:\Users\Administrator \AppData\Local\Programs\Python\Python312\Lib"（此目录为 Python 的安装路径，可以根据个人的安装路径调整）文件夹中。

调用代码如下。

```
#方法一:用 import 方法调用
from demo import mk1
mk1.hello("Amy")
print(mk1.mianji(3,5))
print(mk1.jiecheng(10))
#方法二:用 from mk1 import 函数的方法调用
from demo.mk1 import hello,mianji,jiecheng
hello("Amy")
print(mianji(3,5))
print(jiecheng(10))
#方法三:用 from mk1 import * 的方法调用
from demo.mk1 import *
hello("Amy")
print(mianji(3,5))
print(jiecheng(10))
```

⚿ 小结

本章内容思维导图如图 4-1 所示。

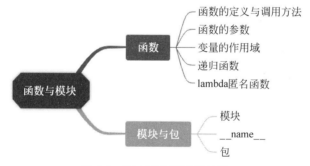

图 4-1　第 4 章内容思维导图

⚿ 习题

一、选择题

1. 以下代码的输出结果是(　　)。

```
L = 'abcd'
def f(x,result = ['a','b','c','d']):
    if x:
```

在线测试

```
        result.remove(x[ - 1])
        f(x[ : - 1])
    return result
print(f(L))
```

    A. ['a','b','c','d']　　　B. ['b','c','d']　　　C. ['a','b','c']　　　D. []

2. 以下关于函数的说法,错误的是( )。

    A. 使用函数的目的只是增加代码复用

    B. 函数是一种功能抽象

    C. 使用函数后,代码的维护难度降低了

    D. 函数名可以是任何有效的 Python 标识符

3. 以下代码的输出结果是( )。

```
def demo( b = 2, a = 4):
    global z
    z += a * b
    return z
z = 10
print(z, demo())
```

    A. 10 18　　　　　B. 18 18　　　　　C. UnboundLocalError　　　　D. 18 None

4. 以下关于 Python 函数的说法,错误的是( )。

    A. Python 程序的 main()函数可以改变为其他名称

    B. 如果 Python 程序包含一个函数 main(),这个函数与其他函数地位相同

    C. Python 程序可以不包含 main()函数

    D. Python 程序需要包含一个主函数且只能包含一个主函数

5. 以下代码的输出结果是( )。

```
n = 2
def multiply(x, y = 10):
    global n
    return x * y * n
s = multiply(10,2)
print(s)
```

    A. 400　　　　　　B. 1024　　　　　　C. 200　　　　　　D. 40

6. 以下关于函数的说法,正确的是( )。

    A. 每个递归函数都只能有一个基例

    B. 一个函数中只允许有一条 return 语句

    C. 定义函数和调用该函数的代码可以写在不同的 Python 程序里

    D. 每个函数都必须有 return 语句

二、操作题

1. 编写一个函数,用于判断输入的一个三位数是否是水仙花数。"水仙花数"是指一个三位数,其各位数字的立方和等于该数本身。例如,153 是一个"水仙花数",因为 $153 = 1^3 + 5^3 + 3^3$。

2. 简单计算器实现。使用自定义函数方式编写一个简单的计算器。

第5章

面向对象

CHAPTER  5

【教学目标】

知识目标：
- 理解面向对象编程的基本概念。
- 学会创建类和对象，并了解类属性和实例属性。
- 掌握继承、多态和重写等面向对象特性。

技能目标：
能够运用面向对象的思想编写程序，解决实际问题。

情感与思政目标：
- 激发学生对面向对象编程的兴趣和创造力。
- 理解现实世界与虚拟世界的联系，培养学生的系统思维能力和解决实际问题的能力。

【引言】

面向对象是更高级的代码复用。将面向对象的思想应用于程序设计开发，软件设计更加灵活，能够很好地支持代码复用和设计复用，使代码具有更好的可读性和可扩展性。本章主要介绍面向对象的编程思维与开发过程。

🔑 5.1　面向对象编程介绍

在介绍面向对象编程之前,首先需要了解面向过程编程是什么。

面向过程(Procedural Programming)是一种基于步骤的编程方式,它将问题分解为一系列详细的步骤,并通过函数或过程来实现这些步骤,其主要特点是自顶向下、逐步细化。在面向过程编程中,主要关注的是解决问题的步骤和操作,程序的执行流程按照特定的顺序执行一系列的函数或过程。

面向过程编程适用于简单的、直接的问题和算法,它注重解决问题的步骤和操作,在程序的结构相对简单的情况下,可以提供较好的性能和效率。而对于复杂的、需要抽象和模块化的问题,由于面向过程通常需要明确指定每个步骤和函数的执行顺序,可能会导致代码的重复和烦琐。因此,人们设计了面向对象的编程方法。

面向对象编程(Object-Oriented Programming,OOP)是在面向过程编程的基础上发展而来的,是一种基于对象的编程方式,它将现实世界中的事物抽象为对象,通过对象之间的交互和协作来解决问题。在面向对象编程中,主要关注的是问题的本质和对象的属性与行为。面向对象编程具有封装、继承和多态等特性,这些特性提供了高度的灵活性、可维护性和扩展性,使得面向对象编程更适合处理复杂的程序设计和大型项目。目前,面向对象编程已经成为现代编程语言和开发框架的主流范式之一。

Python 完全采用了面向对象程序设计的思想,是真正面向对象的高级动态编程语言。在 Python 中,所有数据类型都被视为对象,如字符串、列表、字典、元组等内置数据类型都具有和对象完全相似的语法和用法,并且支持面向对象的封装、继承、多态以及对基类方法的覆盖或重写等基本功能。

1. 面向对象的主要概念

1) 对象

万物皆对象,任何一个操作或者是业务逻辑的实现都需要一个实体来完成,实体即对象,对象由属性和方法组成。

属性：静态的,如体貌特征、年龄等。

方法：动态的,如动作、行为等。

2) 类

类是对一群具有相同特征和行为的事物的统称。

例如,人类具有相同的属性(如姓名、性别、年龄等)和行为(如吃饭、睡觉、走路等)。

类是逻辑抽象和产生对象的模板,是一组变量和函数的特定编排。

2. 面向对象的三个特征

1) 封装

封装是对属性和方法的抽象,用数据和操作数据的方法来形成对象逻辑。封装保护了类的属性和方法,形成一个对外可操作的接口。

2）继承

继承是代码复用的高级抽象,用对象之间的继承关系来形成代码复用。新定义类能够几乎完全使用父级类的属性和方法。

3）多态

多态是方法灵活性的抽象,让对象的操作更加灵活、更多复用代码。不同的对象调用同一个方法会有不同的表现形态。

5.2　类与对象

类是定义对象结构和行为的模板,对象是类的实例,具有类的属性和行为。类是静态的、抽象的,对象是动态的,它具有类的所有属性和方法,并且可以根据需要进行修改和扩展。

5.2.1　创建类与实例对象

类的命名通常以大写字母开头,创建类的语法格式:

```
class 类名():
        属性
        方法
```

创建实例对象的语法格式:

```
实例对象名 = 类名([参数列表])
```

实例对象创建后,就可以使用“.”运算符来访问这个实例对象的属性和方法。

```
实例对象名.属性名
实例对象名.方法名([参数列表])
```

例 5-1:创建一个 Animal 类,并实例化一个动物对象。

```
class Animal:
    name = '动物'
    def introduce(self):
        print("我是一只动物。")
a = Animal()
print(a.name)
a.introduce()
```

执行结果:

```
动物
我是一只动物。
```

在本例中,首先创建了 Animal 类,为其设置了 name 属性值和 introduce()方法,然后定义了变量 a 为一个 Animal 类的实例对象,通过输出 a.name 和执行 a.introduce(),可查看到实例对象的属性和方法来源于类的定义,这样,就可以通过 Animal 类实例化出多个对象,大大提高了代码的复用率。

5.2.2　类的属性与实例属性

1. 类属性

类的属性是在创建类时声明的变量,有时不允许在外部访问或更改,这些不允许在类外部访问或更改的属性称为私有属性,可以在类外部进行访问或更改的属性称为公有属性。

定义私有的类属性,可以在属性名前加两个短下画线"__"。

例 5-2:修改 Animal 类的属性,查看类与实例的属性。

```
class Animal:
    name = '动物'
    def introduce(self):
        print("我是一只动物。")
a = Animal()
b = Animal()
Animal.name = "猫"
print(Animal.name, a.name, b.name)
```

执行结果:

猫 猫 猫

在本例中,Animal 类实例化了两个对象 a 和 b。然而,由于执行了类属性的重新赋值: Animal.name="猫",更改了 Animal 类的属性 name,使得 Animal 类中所有的实例对象的 name 都被改变。

例 5-3:为了保护类的属性不被外部访问或更改,将 Animal 类中的 name 属性设置为私有属性。

```
class Animal:
    __name = '动物'
    def introduce(self):
        print(f"我是一只{self.__name}。")
a = Animal()
a.introduce()
```

执行结果:

我是一只动物。

在本例中,__name 为 Animal 类的私有属性,只能在类的内部使用,如果执行 a.__name 是会报错的,提示"AttributeError: 'Animal' object has no attribute '__name'"。而在类方法的定义 introduce(self)中,则可以用 print()语句将私有属性__name 的值输出。

类属性还可以在类定义结束之后通过"类名.新属性"增加。

例 5-4:为 Animal 类增加 age 属性。

```
class Animal:
    __name = '动物'
    def introduce(self):
        print(f"我是一只{self.__name}。")
a = Animal()
Animal.age = 5
```

```
b = Animal()
print(a.age,b.age)
```

执行结果：

5 5

在本例中,为 Animal 类增加 age 属性,不论是这一语句前面的实例对象 a,还是语句后面的实例对象 b,在本语句执行后,均会与所属类一致,增加 age 属性。

注意：类的属性一般不建议在类的外部重新赋值。

2．实例属性

实例的属性也可以用"实例名.新属性"进行增加。

例 5-5：基于 Animal 类,为实例对象 a 增加 weight 属性。

```
class Animal:
    __name = '动物'
    def introduce(self):
        print(f"我是一只{self.__name}。")
a = Animal()
a.weight = 2
print(a.weight)
```

执行结果：

2

然而,实例对象虽然来源自同一个类,但往往有不同的属性,如 Animal 类的多个实例对象,有不同的 age、weight、color 等属性,所以需要在定义实例对象时进行初始化赋值,这就要用到 Python 的魔法方法。

5.2.3　魔法方法

Python 中的魔法方法是一组特殊的方法,以双下画线__开头和结尾,用于实现类的特定行为和操作,在类或对象的特定事件发生时自动执行,例如,对象的创建、销毁、运算符重载等。常见的魔法方法有：初始化方法__init__()、创建实例方法__new__()、析构方法__del__()、返回对象的长度__len__()、字符串表示方法__str__()。

1．__init__()

__init__()称为构造方法(或构造函数),一般用来为对象属性设置初始值或进行其他必要的初始化工作,当创建一个类的实例对象时,Python 解释器都会自动调用它。

在定义__init__()时,以 self 作为构造函数的第一个形式参数,其中,函数体中的属性前缀是 self,即 self.实例属性。实例属性只能通过实例对象名访问,不能通过类名访问实例属性。

语法格式：

```
def __init__(self,…):
    代码块
```

例 5-6：使用构造方法 __init__()创建 Animal 类，包含 name、age、weight 属性和 introduce()方法，创建实例对象 a（小猫，1 岁，3 千克）和 b（小狗，2 岁，5 千克），查看 introduce()的执行结果。

```
class Animal:
    def __init__(self,n,a,w):
        self.name = n
        self.age = a
        self.weight = w
    def introduce(self,):
        print(f"我是一只{self.name},我今年{self.age}岁,体重{self.weight}千克。")
a = Animal('小猫',1,3)
b = Animal('小狗',2,5)
a.introduce()
b.introduce()
```

执行结果：

我是一只小猫,我今年 1 岁,体重 3 千克。
我是一只小狗,我今年 2 岁,体重 5 千克。

2. __str__()

__str__()是字符串表示方法，常用来改变类的输出字符串形式。

例 5-7：将例 5-6 中的 introduce()方法改为__str__()，查看实例对象 a 和 b 的输出结果。

```
class Animal:
    def __init__(self,n,a,w):
        self.name = n
        self.age = a
        self.weight = w
    def __str__(self,):
        return f"我是一只{self.name},我今年{self.age}岁,体重{self.weight}千克。"
a = Animal('小猫',1,3)
b = Animal('小狗',2,5)
print(a)
print(b)
```

执行结果与例 5-6 一致。可以看出，__str__()可以返回设定好的输出内容。如果没有 __str__()，执行 print（实例对象）则会得到一个内存地址<__main__. Animal object at 0x000001DB548A8380>。

5.2.4 类方法和静态方法

前文主要介绍的是实例对象能用到的方法，有时也需要单独对类设定方法，或者定义静态方法。

类方法是对类的操作方法，可以直接通过类名调用，不需要创建类的实例，通常用于实现与类相关的操作。类和实例对象都可以访问类方法，但类方法不能访问实例变量。类方法的定义语法如下。

```
@classmethod
def 类方法名(cls,[形参列表]):
    函数体
```

静态方法定义在类的内部,只能通过类名或实例调用。它们通常用于执行与类无关的操作。静态方法与普通函数的定义方法相同,可以没有参数,也不需要传入 self 和 cls 参数。类和实例都可以调用静态方法,但静态方法不能访问类变量和实例变量。

静态方法的定义语法如下。

```
@staticmethod
def 类方法名([形参列表]):
    函数体或者 pass
```

例 5-8:为 Animal 定义以下类方法和静态方法,查看输出结果。

```
class Animal:
    weight = 10
    def __init__(self,n,a):
        self.name = n
        self.age = a
    @classmethod
    def run(cls,n):
        cls.weight -= n
        print(f"这是类方法,运动后类的重量为{cls.weight}")
    @staticmethod
    def eat(x,y):
        print(f"这是静态方法,计算两数之和{x} + {y} = {x + y}")
    def introduce(self,):
        print(f"我是一只{self.name},我今年{self.age}岁,体重{self.weight}千克。")
a = Animal('小猫',1)
Animal.run(5)
a.eat(5,20)
print(a.weight)
```

执行结果:

```
这是类方法,运动后类的重量为 5
这是静态方法,计算两数之和 5 + 20 = 25
5
```

通过本例,可以看到类方法不能调用实例的属性,只有将 weight 作为类属性后,才能访问其变量值。静态方法不能直接访问类和实例的属性,只有当需要在类方法中执行某些与类相关的操作,而这些操作又不需要访问类或实例的状态时,使用静态方法是一个很好的选择。

5.2.5 精选案例

视频讲解

1. 烤红薯

当 0≤烧烤时间<10 时,为"半生不熟的";当 10≤烧烤时间<20 时,为"快熟了";当 20≤烧烤时间<30 时,为"熟了";当烧烤时间≥30 时,为"糊了"。

分析:创建红薯类,设置初始化属性 status 描述当前状态,cooktime 统计烧烤时间,再设置一个 bake() 函数来作为其方法,函数需要参数 n,用来表示本次烧烤的时间,函数体中将烧烤的时间 n 累加起来,并根据 cooktime 的区间范围,来设置 status 的值。最后,用 __str__() 改写对象的输出内容。

编写代码如下。

```python
class Hongshu:
    def __init__(self):
        self.status = "生的"
        self.cooktime = 0
    def bake(self,n):
        self.cooktime += n
        if self.cooktime < 10:
            self.status = "半生不熟的"
        elif self.cooktime < 20:
            self.status = "快熟了"
        elif self.cooktime < 30:
            self.status = "熟了"
        else:
            self.status = "糊了"
    def __str__(self):
        return f"红薯现在烤了{self.cooktime}分钟,状态是{self.status}"
x = Hongshu()
while True:
    x.bake(int(input("烤几分钟?")))
    print(x)
    if x.status == "熟了":
        break
```

执行结果:

```
烤几分钟?5
红薯现在烤了 5 分钟,状态是半生不熟的
烤几分钟?6
红薯现在烤了 11 分钟,状态是快熟了
烤几分钟?7
红薯现在烤了 18 分钟,状态是快熟了
烤几分钟?4
红薯现在烤了 22 分钟,状态是熟了
```

在本例中,使用 while True 来控制循环,如果红薯没有熟则一直烤,直到熟了才退出循环,烧烤时间需要用户自行输入。

2. 养宠物

创建一个类:动物。初始化属性包含名字(n)、年龄(a)、重量(w)。创建一个实例方法 eat(),输出"我在吃饭",并给重量加 1;创建一个实例方法 run(),输出"我在运动",并给重量减 1。

定义一只狗,名字为"小金",其他属性自定。

让狗吃一次,并运动一次,分别输出属性值。

分析:定义 Animal 类,包含三个属性 n,a,w,以及两个方法 eat() 和 run(),再实例化一个对象"小金"。本题的难点在于 eat() 和 run() 方法均需要使用实例对象的属性,并更

改 w 的值。

　　编写代码如下。

```
class Animal:
    def __init__(self,n,a,w):
        self.name = n
        self.age = a
        self.weight = w
    def eat(self):
        print("我在吃饭。")
        self.weight += 1
    def run(self):
        print("我在运动。")
        self.weight -= 1
    def __str__(self):
        return f"我叫{self.name},今年{self.age}岁,重量是{self.weight}。"
a = Animal("小金",3,10)
print(a)
a.run()
print(a)
a.eat()
print(a)
```

执行结果：

```
我叫小金,今年 3 岁,重量是 10。
我在运动。
我叫小金,今年 3 岁,重量是 9。
我在吃饭。
我叫小金,今年 3 岁,重量是 10。
```

5.3　继承、多态与重写

　　面向对象编程,通过类的创建,设定了模板,不仅可以衍生出多个实例对象,也可以派生出子类。继承、多态与重写是类与对象密切相关的重要概念。

5.3.1　继承

　　类生万物,继承是从已有的类中派生出新的类,新的类能吸收已有类的数据属性和行为,并能扩展新的属性和行为。通过继承,子类不仅可以重用父类的代码,还可以对其进行扩展和修改。子类能继承父类的所有公共属性和公共方法,但不能继承其私有属性和私有方法。

　　定义子类的语法：

```
class 子类名(父类名):
    类体
```

　　例 5-9：创建动物类,与例 5-8 相同,派生一个子类：狗,继承动物类的属性和方法。定义一只狗,名字为"小金",其他属性自定。让狗 eat() 一次,并 run() 一次,分别输出属性值。

```python
class Animal:
    def __init__(self,n,a,w):
        self.name = n
        self.age = a
        self.weight = w
    def eat(self):
        print("我在吃饭。")
        self.weight += 1
    def run(self):
        print("我在运动。")
        self.weight -= 1
    def __str__(self):
        return f"我叫{self.name},今年{self.age}岁,重量是{self.weight}。"
class Dog(Animal):
    pass
a = Dog("小金",3,10)
print(a)
a.run()
print(a)
a.eat()
print(a)
```

执行结果：

我叫小金,今年 3 岁,重量是 10。
我在运动。
我叫小金,今年 3 岁,重量是 9。
我在吃饭。
我叫小金,今年 3 岁,重量是 10。

在本例中,要定义子类 Dog,只需要使用 class dog(Animal)来定义 dog 是继承父类 Animal 即可,类体中可以用 pass,即可继承父类全部的公有属性和方法。

5.3.2　重写

当父类方法无法满足需求时,可在子类中定义一个同名方法覆盖父类的方法,这就叫作方法重写。重写的方法必须与父类中的方法具有相同的返回类型、方法名和参数列表,但可以有不同的实现。

在子类的类体中,要继承父类的方法时,可以使用"父类名.方法名(self)",或"super().方法名([参数列表])"。

例 5-10：创建动物类,与例 5-9 一致,派生一个子类：狗,继承动物类的属性和方法,并增加"品种"属性。定义一只狗,名字为"小金",品种为金毛,其他属性自定。输出实例对象。

```python
class Animal:
    def __init__(self,n,a,w):
        self.name = n
        self.age = a
        self.weight = w
    def eat(self):
        print("我在吃饭。")
        self.weight += 1
    def run(self):
```

```
        print("我在运动。")
        self.weight -= 1
    def __str__(self):
        return f"我叫{self.name},今年{self.age}岁,重量是{self.weight}。"
class Dog(Animal):
    def __init__(self,n,a,w,k):
        super().__init__(n,a,w)
        self.kinds = k
    def __str__(self):
        return f"我叫{self.name},今年{self.age}岁,重量是{self.weight},种类是{self.
kinds}。"
a = Dog("小金",3,10,"金毛")
print(a)
```

执行结果：

我叫小金,今年 3 岁,重量是 10,种类是金毛。

在本例中,Dog 子类使用 super(). 方法名([参数列表]),对父类 Animal 的 __init__()
和 __str__()方法进行了继承和重写。

5.3.3　多态

多态是指同一个操作作用于不同的对象时,可以有不同的解释和不同的行为。在面向
对象编程中,多态允许使用一个共同的接口来执行不同对象的方法,这些对象可能是同一类
的不同实例,也可能是不同类但具有相同继承关系或接口的实例。多态的主要目的是提高
程序的灵活性和可扩展性。多态一般是通过继承和方法重写实现的。

例 5-11：创建动物类,包含 name、age 两个属性,包含一个方法 make_sound(),输出叫
声,再定义两个子类,分别是 Dog 和 Cat,重新定义 make_sound()为各自的叫声,查看子类
的实例对象的方法。

```
class Animal:
    def __init__(self,n,a):
        self.name = n
        self.age = a
    def make_sound(self):
        print("动物发音")
class Dog(Animal):
    def make_sound(self):
        print("汪汪")
class Cat(Animal):
    def make_sound(self):
        print("喵喵")
a = Dog("小金",1)
a.make_sound()
b = Cat("小花",1)
b.make_sound()
```

执行结果：

汪汪
喵喵

在本例中，Animal 衍生出两个子类 Dog 和 Cat，虽然二者是同一个父类，但可以实现不同的属性和方法，体现出多态性。

视频讲解

5.3.4　精选案例

设计程序实现超人与怪兽大战游戏，超人的属性有姓名、性别、力量；怪兽的属性有姓名、品种、攻击力。初始情况下，超人和怪兽的生命值均为 100。攻击对方后，对方的生命值会减少与攻击力相同的值。如果对方的生命值承受不住攻击，则提示对方已死。

分析：定义 Role 类，设定 type 属性和 name、breed、agg 和 life 4 个初始属性，定义 attack()方法，如被攻击后，life≤0，提示角色消失，否则输出剩余 life 值。然后定义两个子类 Monster 和 Superman，分别改写 type 属性。最后实例化两个对象，根据用户的选择来进行游戏攻击，直到一方的 life 值为 0。

编写代码如下。

```
class Role:
    type = "角色"
    def __init__(self,name,breed,agg):
        self.name = name
        self.breed = breed
        self.agg = agg
        self.life = 100
    def attack(self,p):
        if p.life - self.agg <= 0:
            p.life = 0
            print(f"{p.type}{p.name}已消失.")
        else:
            p.life -= self.agg
            print(f"{self.type}{self.name}攻击了{p.type}{p.name},{p.type}{p.name}的生命
值只剩下{p.life}")
class Monster(Role):
    type = "怪兽"
class Superman(Role):
    type = "超人"
s = Superman("1 号","男",20)
m = Monster("2 号","金毛",30)
while True:
    if s.life == 0 or m.life == 0:
        break
    a = input("请输入你想让谁发起攻击(超人输入:s,怪兽输入:m):")
    if a == "s":
        s.attack(m)              # 怪兽咬了超人
    else:
        m.attack(s)              # 超人反击怪兽
```

执行结果：

```
请输入你想让谁发起攻击(超人输入:s,怪兽输入:m):m
怪兽 2 号攻击了超人 1 号,超人 1 号的生命值只剩下 70
请输入你想让谁发起攻击(超人输入:s,怪兽输入:m):s
超人 1 号攻击了怪兽 2 号,怪兽 2 号的生命值只剩下 80
请输入你想让谁发起攻击(超人输入:s,怪兽输入:m):m
```

怪兽 2 号攻击了超人 1 号,超人 1 号的生命值只剩下 40
请输入你想让谁发起攻击(超人输入:s,怪兽输入:m):m
怪兽 2 号攻击了超人 1 号,超人 1 号的生命值只剩下 10
请输入你想让谁发起攻击(超人输入:s,怪兽输入:m):s
超人 1 号攻击了怪兽 2 号,怪兽 2 号的生命值只剩下 60
请输入你想让谁发起攻击(超人输入:s,怪兽输入:m):s
超人 1 号攻击了怪兽 2 号,怪兽 2 号的生命值只剩下 40
请输入你想让谁发起攻击(超人输入:s,怪兽输入:m):s
超人 1 号攻击了怪兽 2 号,怪兽 2 号的生命值只剩下 20
请输入你想让谁发起攻击(超人输入:s,怪兽输入:m):s
怪兽 2 号已消失。

小结

本章内容思维导图如图 5-1 所示。

图 5-1　第 5 章内容思维导图

习题

在线测试

一、选择题

1. 以下属于"对象"成分之一的是(　　　)。
　　A. 封装　　　　　　B. 规则　　　　　　C. 属性　　　　　　D. 继承
2. 以下属于结构化程序设计原则的是(　　　)。
　　A. 模块化　　　　　B. 可继承性　　　　C. 可封装性　　　　D. 多态性
3. 对象实现了数据和操作(方法)的结合,其实现的机制是(　　　)。
　　A. 封装　　　　　　B. 继承　　　　　　C. 隐蔽　　　　　　D. 抽象
4. 以下不属于对象主要特征的是(　　　)。
　　A. 对象唯一性　　　B. 对象分类性　　　C. 对象多态性　　　D. 对象可移植性
5. 以下属于结构化程序设计原则的是(　　　)。
　　A. 模块化　　　　　B. 可继承性　　　　C. 可封装性　　　　D. 多态性

二、操作题

1. 定义一个水果类,然后通过水果类创建苹果对象、橘子对象、西瓜对象并分别添加上颜色属性。

2. 定义一个表示学生信息的类 Student,要求如下。

(1) 类 Student 的成员变量:sNO 表示学号,sName 表示姓名,sSex 表示性别,sAge 表示年龄,sPython 表示 Python 课程成绩。

(2) 类 Student 的方法成员:getNo()获得学号,getName()获得姓名,getSex()获得性别,getAge()获得年龄,getPython()获得 Python 课程成绩。

(3) 根据类 Student 的定义,创建 5 个该类的对象,输出每个学生的信息,计算并输出这 5 个学生 Python 语言成绩的平均值,以及计算并输出他们 Python 语言成绩的最大值和最小值。

第6章

文件与文件夹操作

CHAPTER *6*

【教学目标】

知识目标：
- 了解文件的基本概念和操作方式。
- 掌握文件操作函数 open() 的用法。
- 理解文件夹的操作方法。

技能目标：
- 能够熟练运用文件操作进行数据的读写。
- 能够处理文件和文件夹的常见操作。

情感与思政目标：
- 培养学生处理文件和文件夹的耐心和细心。
- 培养信息安全和知识产权保护意识，养成合法、合规使用数字资源的习惯。

【引言】

在程序设计过程中，往往需要用对大量数据进行处理或存储，这就需要用到文件。常用的文件格式有文本文件、CSV 文件、Excel 文件等。其中，文本文件是最基础的文件格式，本章主要以文本文件为例来介绍 Python 自带的文件操作方法，其他文件类型的处理将会在第 7 章的第三方库中详细介绍。对文件的操作，离不开文件的目录，即文件夹，本章也会介绍文件夹的常用操作。

🔑 6.1　文件操作

6.1.1　文件简介

文件是在操作系统中管理用户数据的基本单元,其最底层是二进制文件。常见的文件类型有文本文件(.txt)、文档文件(.docx)、表格文件(.xlsx)、图像文件(.jpg、.png)、音频文件(.wma、.mp4、.wav)、视频文件(.avi、.mp4)等,所有的文件类型均可以作为二进制文件进行读写。

二进制文件无法用记事本或其他普通字处理软件正常进行编辑,人类也无法直接阅读和理解,需要使用正确的软件进行解码或反序列化之后才能正确地读取、显示、修改或执行。

文本文件是占用内存较小的一种文件类型,以文本形式存储数据的文件,通常包含人类可读的字符和文本信息,在众多文件类型中使用较多。

6.1.2　文件操作函数 open()

文件的打开过程,是通过操作系统提供的接口从文件对象中读取数据。文件的创建过程,是将数据写入文件对象中。Python 中内置了 open()函数,用来对文件进行读写文件操作。

open()函数的基本语法为

open(file, mode = 'r', buffering = −1, encoding = None, errors = None, newline = None, closefd = True, opener = None)

其中参数说明如下。

file:要打开的文件路径。

mode:打开文件的模式,可以是只读、写入、追加等模式。默认为"r",即只读模式。

buffering:设置缓冲策略,默认值为−1,表示使用系统默认缓冲区大小。

encoding:指定文件编码格式,默认为 None,即使用系统默认编码。

errors:指定编码错误处理方式,默认为 None。

newline:指定写入文件时的换行符,默认为 None。

closefd:指定是否在 close()时同时关闭底层的文件描述符,默认为 True。

opener:指定自定义的打开器,用于打开文件(如打开加密文件)。

在以上参数中,最常用的三个参数为 file、mode 和 encoding。其中,mode 的常用参数如表 6-1 所示。

表 6-1　mode 的常用参数

模　　式		说　　明	延　伸　模　式
读取文本文件	r	只读模式(默认模式,可省略),要求文件存在	r+,支持读写,文件指针将会放在文件的开头

模　　式		说　　明	延　伸　模　式
读取文本文件	w	写模式,如果该文件已存在则将其覆盖,如果该文件不存在,创建新文件	w+,支持读写,如果该文件已存在则将其覆盖。如果该文件不存在,创建新文件
	a	追加模式,如果该文件已存在,文件指针将会放在文件的结尾,新的内容将会被写入已有内容之后。如果该文件不存在,创建新文件进行写入	a+,支持读写,如果该文件已存在,文件指针将会放在文件的结尾。文件打开时会是追加模式。如果该文件不存在,创建新文件用于读写
读取二进制文件	rb	二进制文件只读模式,不需要 encoding 参数,要求文件存在	rb+,支持读写,文件指针将会放在文件的开头
	wb	二进制文件写模式,如果该文件已存在则将其覆盖,如果该文件不存在,创建新文件	wb+,支持读写,如果该文件已存在则将其覆盖。如果该文件不存在,创建新文件
	ab	二进制文件追加模式,如果该文件已存在,文件指针将会放在文件的结尾,新的内容将会被写入已有内容之后。如果该文件不存在,创建新文件进行写入	ab+,支持读写,如果该文件已存在,文件指针将会放在文件的结尾。如果该文件不存在,创建新文件用于读写

例 6-1：以只读方式打开文件 demo.txt。注意：此文件并不存在。

```
f = open("demo.txt","r")
```

执行结果：

```
FileNotFoundError: [Errno 2] No such file or directory: demo.txt
```

原因分析：以只读方式打开文件,要求文件必须存在,否则会报错。

例 6-2：以写入方式创建文本文件 demo.txt。

```
f = open("demo.txt","w")
```

可以看到,项目文件夹中生成了 demo.txt 文件。

例 6-3：以追加方式打开文本文件 demo.txt。

```
f = open("demo.txt","a")
```

程序可以正常执行。

6.1.3　文件对象的属性和方法

文件的常用属性有 closed、mode 和 name,其具体含义如表 6-2 所示。

表 6-2　文件的常用属性

属　　性	意　　义
closed	返回文件是否已经关闭,返回 True 表示已经关闭,返回 False 表示未关闭
mode	返回文件的打开模式
name	返回文件名

程序正常读取文件后,一般要对文件中的内容进行读取或写入,因此,还需要了解文件的操作方法。文件对象的操作方法如表 6-3 所示。

表 6-3　文件对象的操作方法

方　　法	功　能　说　明
f. close()	关闭文件,释放文件对象
f. read(n)	读取并返回整个文件内容,如果给出参数,返回前 n 个字符
f. readline()	读取并返回指针后的一行内容
f. readlines()	读取并返回包含文本文件中指针后所有行内容的列表
f. write(s)	把 s 的内容写入文件
f. writelines(s)	把列表 s 中的所有字符串写入文本文件
f. tell()	返回指针的当前位置
f. seek(offset,[whence])	把指针移动到新的位置(以字节为单位),offset 表示相对于 whence 的位置。为 0 表示从文件头开始计算,为 1 表示当前位置,为 2 表示文件末尾。默认为 0

文件的操作过程包括打开文件、读写文件、关闭文件三个步骤。注意文件在读写结束后,一定要关闭文件对象,否则文件未被正常关闭,可能导致所做的修改丢失。

例 6-4:已有文件"python 之禅. txt",文件内容为相应的英文字符,要求读取文件内容并输出。

```
f = open("python 之禅.txt","r")
print(f.read())
f.close()
```

执行结果:

```
The Zen of Python, by Tim Peters
Beautiful is better than ugly.
Explicit is better than implicit.
Simple is better than complex.
Complex is better than complicated.
Flat is better than nested.
Sparse is better than dense.
Readability counts.
Special cases aren't special enough to break the rules.
Although practicality beats purity.
Errors should never pass silently.
Unless explicitly silenced.
In the face of ambiguity, refuse the temptation to guess.
There should be one -- and preferably only one -- obvious way to do it.
Although that way may not be obvious at first unless you're Dutch.
Now is better than never.
Although never is often better than * right * now.
If the implementation is hard to explain, it's a bad idea.
If the implementation is easy to explain, it may be a good idea.
Namespaces are one honking great idea -- let's do more of those!
```

例 6-5:创建文件"learn. txt",并写入"好好学习,天天向上",关闭文件。

```
f = open("learn.txt","w")
f.write("好好学习,天天向上!")
f.close()
```

执行结束后,项目文件夹中会生成一个"learn. txt"文件,文件中包含"好好学习,天天向上!"的内容。

例 6-6：读取例 6-5 中 learn.txt 的内容，要求读取文件内容并输出，关闭文件。

```
f = open("learn.txt","r")
print(f.read())
f.close()
```

执行结果：

好好学习,天天向上!

例 6-7：为文件 learn.txt 分别用"w"和"a"的模式写入"天生我材必有用"的内容，并分别读取文件内容并输出。

```
♯(1)用"a"的方式写入
♯追加内容
f = open("learn.txt","a")
f.write("天生我材必有用")
f.close()
♯读取内容
f = open("learn.txt","r")
print(f.read())
f.close()
```

执行结果：

```
好好学习,天天向上!天生我材必有用
♯(2)用"w"的方式写入
f = open("learn.txt","w")              ♯打开文件
f.write("天生我材必有用")              ♯写入内容
f.close()♯关闭文件
f = open("learn.txt","r")              ♯读取内容
print(f.read())
f.close()
```

执行结果：

天生我材必有用

在本例中，我们发现，对文件的操作过程要包含打开、读写、关闭三个步骤，每进行一次操作，都必须完整地执行三个步骤，这为读写文件的操作带来很大的不便。

上下文管理语句 with 可以自动管理资源，不论因为什么原因跳出 with 块，总能保证文件被正确关闭。with 语句的语法形式如下。

```
with open(filename, mode, encoding) as f:
    ♯这里写通过文件对象 f 读写文件内容的语句
```

使用 with 语句时，自带了关闭文件的功能，因此可以省略 f.close()语句。

将例 6-7 的代码改用 with 语句书写如下。

```
with open("learn.txt","a + ") as f:
    f.write("天生我材必有用")
    f.seek(0)
    print(f.read())
```

在本例中，用"a＋"模式来支持追加内容的同时可以读取内容；增加 f.seek(0)语句，作用是将指针移动到文件起始位置，来读取文件所有内容。

例 6-8：读取 D 盘下"职业教育发展报告.txt"中的内容并输出。

```
with open("D:\\职业教育发展报告.txt","r") as f:
    print(f.read())
```

本段代码执行时会报错，提示：UnicodeDecodeError：'gbk' codec can't decode byte 0x88 in position 3：illegal multibyte sequence。

原因是编码有误，在 Windows 系统中，默认编码通常为 GBK，在 open()函数的参数中添加 encoding＝"utf-8"参数，才可以支持不同编码的中文字符的正常识别。

更改后代码如下。

```
with open("D:\\职业教育发展报告.txt","r",encoding = "utf - 8") as f:
    print(f.read())
```

例 6-9：读取"职业教育发展报告.txt"，执行以下操作。

(1) 输出文本文件的前 5 个字符。

(2) 依次读取并输出文本的第 1 行、第 2 行。

(3) 读取并输出文本的所有行。

代码如下。

```
with open("D:\\职业教育发展报告.txt","r",encoding = "utf - 8") as f:
    print(f.read(5))                    #输出文本文件的前 5 个字符
    f.seek(0)                           #将指针回到文件初始位置
    print(f.readline())                 #读取并输出文本的第 1 行
    print(f.readline())                 #读取并输出文本的第 2 行
    f.seek(0)                           #将指针回到文件初始位置
    print(f.readlines())                #读取并输出文本的所有行
```

视频讲解

6.1.4　精选案例

1. 成绩录入

请编写程序帮语文老师把每位同学的语文成绩录入一个文本文件中。

分析：程序的编写分为两部分进行，第一部分是录入成绩，定义字典，存储用户录入的学号和成绩，使用"－1"作为录入结束标记；第二部分是将字典中的成绩信息写入文件中。

编写代码如下。

```
d = {}
#录入学号和成绩
while True:
    s_ID = input('请输入学号:')
    if s_ID == '- 1':  #以 - 1 为录入结束标记
        break
    else:
        score = input('请输入成绩:')
        d[s_ID] = score
#将成绩写入文件
with open("chinese.txt",'w') as f:
    for key, value in d.items():
        f.write(f"{key}, {value}\n")
```

执行结果：

请输入学号：01
请输入成绩：90
请输入学号：02
请输入成绩：99
请输入学号：03
请输入成绩：78
请输入学号：－1

程序执行后，项目文件夹中生成一个 chinese.txt 文件，文件内容如图 6-1 所示。

图 6-1　生成 chinese 文本文件

2. 户籍地查询

已有"身份证码值对照表.txt"，编写程序实现：用户输入身份证前 6 位，输出其对应的归属地。"身份证码值对照表.txt"中的内容如图 6-2 所示。

```
身份证码值对照表.txt - 记事本                            —    □    ×
文件(F)  编辑(E)  格式(O)  查看(V)  帮助(H)
    "654300":"阿勒泰地区",
    "654301":"阿勒泰市",
    "654321":"布尔津县",
    "654322":"富蕴县",
    "654323":"福海县",
    "654324":"哈巴河县",
    "654325":"青河县",
    "654326":"吉木乃县",
    "659001":"石河子市",
    "659002":"阿拉尔市",
    "659003":"图木舒克市",
    "659004":"五家渠市",
    "659005":"北屯市",
    "659006":"铁门关市",
    "659007":"双河市",
    "659008":"可克达拉市",
    "659009":"昆玉市",
    "710000":"台湾省",
    "810000":"香港特别行政区",
    "820000":"澳门特别行政区"
}
                     第1行，第1列    100%  Unix (LF)      UTF-8
```

图 6-2　身份证码值对照表

分析：首先，获取用户输入；然后，读取"身份证码值对照表.txt"中的数据，将其存储到字典中；最后，在字典中查询用户身份信息。另外，在本例中，身份证码值对照表文件中的内容为字典样式，需要用到 json 库，将文件中的内容解析为字典，便于查询。json.loads(str)可以将类似字典的字符串解析为字典对象。

编写代码如下。

```
import json
f = open("身份证码值对照表.txt", 'r', encoding = 'utf - 8')
content = f.read()
d = json.loads(content)
address = input('请输入身份证前 6 位:')
if address in d.keys():
    print(d[address])
```

执行结果:

```
请输入身份证前 6 位:110000
北京市
```

3. 学校统计

已有文件 data.txt,其中记录了 2021 年 QS 全球大学排名前 20 名的学校信息,示例如下。

```
1,麻省理工学院,美国
2,斯坦福大学,美国
3,哈佛大学,美国
```

第一列为排名,第二列为学校名称,第三列为学校所属的国家,字段之间用逗号隔开。请编写程序读取 data.txt 文件内容,统计出现的国家个数以及每个国家上榜大学的数量及名称,输出结果格式示例如下。

美国:　　9:麻省理工学院 斯坦福大学 哈佛大学 加州理工大学 芝加哥大学 宾夕法尼亚大学 耶鲁大学 哥伦比亚大学 普林斯顿大学
英国:　　5:牛津大学 剑桥大学 帝国理工学院 伦敦大学学院 爱丁堡大学

分析:本例中首先需要用 open() 函数读取文件中的内容,然后用 for 循环对每一行的数据进行处理。在循环体中,用 split(',') 分隔为列表,并去除空格,这样得到每一行的列表,列表中包含三个元素:序号、学校、国家。如果列表元素少于 3,则不统计。接下来进行国家数量统计。

本例最大的难点在于如何统计每个国家的学校数量,并把学校名称对应到国家,采用字典可以实现,key 为国家,value 为国家对应的学校列表。

在数据统计之后,由于要按每个国家的学校数量从高到低排序,所以还需要将字典转换为二维列表,对其进行排序并输出。

编写代码如下。

```
f = open('data.txt','r',encoding = 'utf - 8')
dic = {}
for line in f:
    l = line.strip().split(',')
    if len(l)< 3:
        continue
    dic[l[ -1]] = dic.get(l[ -1],[]) + [l[1]]
unis = list(dic.items())
unis.sort(key = lambda x:len(x[1]), reverse = True)
for d in unis:
```

```
print('{:>4}: {:>4} :{}'.format(d[0],len(d[1]),' '.join(d[1])))
```

执行结果：

美国：　　　9 :麻省理工学院 斯坦福大学 哈佛大学 加州理工大学 芝加哥大学 宾夕法尼亚大学 耶鲁大学 哥伦比亚大学 普林斯顿大学
英国：　　　5 :牛津大学 剑桥大学 帝国理工学院 伦敦大学学院 爱丁堡大学
瑞士：　　　2 :苏黎世联邦理工大学(瑞士联邦理工学院) 洛桑联邦理工学院(EPFL)
新加坡：　　2 :新加坡国立大学 南洋理工大学
中国：　　　2 :清华大学 北京大学

6.2 文件夹操作

文件的操作离不开文件夹,Python 提供了 os 和 os.path 模块来进行文件和文件夹的相关操作。

6.2.1 os 模块

os 模块的常用方法如表 6-4 所示。

表 6-4　os 模块的常用方法

方　　法	功　能　描　述
chdir(path)	切换到指定目录
getcwd()	获取当前目录
listdir(path)	获取当前目录下的文件信息
mkdir(path)	创建文件夹
remove(path)	删除指定文件
rmdir(path)	删除空的文件夹
rename(old,new)	重命名文件或文件夹
system(command)	运行系统的 Shell 命令
walk(path)	递归返回指定目录下的所有子目录,并且是由 path、子目录、文件组成的三元组

os 模块的常用属性如表 6-5 所示。

表 6-5　os 模块的常用属性

属　　性	含　义　描　述
os.sep	表示路径中的分隔符,在 Windows 中是'\',在 Linux/UNIX 中是'/'
os.linesep	表示行终止符,在 Windows 中是'\r\n',在 Linux/UNIX 中是'\n'
os.name	表示操作系统的名称

例 6-10：已有文件夹 test,目录系统如图 6-3 所示。以此文件夹为基础,完成以下操作。

(1) 将"D:\test\file1\文档 1.docx"重命名为"abc.docx"。

(2) 删除(1)题中的"abc.docx"。

(3) 遍历"D:\test"目录下的所有内容。

(4) 查看当前目录,并切换到"D:\test\file1"目录,并将"文档 2.docx"重命名为"abc2.docx"。

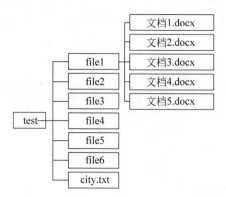

图 6-3   test 的目录系统

(5) 在"D:\test"目录下新建文件夹,起名为"new",在此目录下继续新建"new1"和"new2"文件夹。

(6) 依次删除"new1""new2""new"文件夹。

代码如下。

```
# (1)将 D:\test\file1\文档 1.docx 重命名为 abc.docx
import os
os.rename("D:\\test\\file1\\文档 1.docx","D:\\test\\file1\\abc.docx")
# (2)删除(1)题中的 abc.docx
os.remove("D:\\test\\file1\\abc.docx")
# (3)遍历 D:\test 目录下的所有内容
test = os.walk("d:\\test")
for tem in test:
    print(tem)
```

本题执行结果:

```
('d:\\test', ['file1', 'file2', 'file3', 'file4', 'file5', 'file6'], ['city.txt'])
('d:\\test\\file1', [], ['文档 2.docx', '文档 3.docx', '文档 4.docx', '文档 5.docx'])
('d:\\test\\file2', [], [])
('d:\\test\\file3', [], [])
('d:\\test\\file4', [], [])
('d:\\test\\file5', [], [])
('d:\\test\\file6', [], [])
# (4)查看当前目录,并切换到 D:\test\file1 目录,并将"文档 2.docx"重命名为"abc2.docx"。
print(os.getcwd())
os.chdir('D:\\test\\file1')
os.rename("文档 2.docx","abc2.docx")
# (5)在 D:\test 目录下新建文件夹,起名为 new,在此目录下继续新建 new1 和 new2 文件夹。
os.chdir("D:\\test")
os.mkdir("new")
os.chdir("D:\\test\\new")
os.mkdir("new1")
os.mkdir("new2")
# (6)依次删除 new1、new2、new 文件夹
os.chdir("D:\\test\\new")
os.rmdir("new1")
os.rmdir("new2")
os.chdir("D:\\test") #要删除 new 文件夹,需要切换到其所在的父级目录
os.rmdir("new")
```

经过本题操作，文件夹最终的目录如图 6-4 所示。

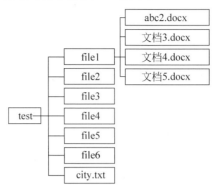

图 6-4　test 文件夹最终目录结构

6.2.2　os.path 模块

在对文件目录进行操作时，有时往往需要查看文件路径，或查看文件是否存在，抑或是重新组合生成一个新的路径等，这时需要使用 os.path 模块。os.path 模块的常用方法如表 6-6 所示。

表 6-6　os.path 模块的常用方法

方　　　法	功　能　说　明
abspath(path)	返回给定路径的绝对路径
basename(path)	返回指定路径的最后一个组成部分
dirname(path)	返回给定路径的文件夹部分
exists(path)	判断文件是否存在
getatime(filename)	返回文件的最后访问时间
getctime(filename)	返回文件的创建时间
getmtime(filename)	返回文件的最后修改时间
getsize(filename)	返回文件的大小
isdir(path)	判断 path 是否为文件夹
isfile(path)	判断 path 是否为文件
join(path，* paths)	连接两个或多个 path
split(path)	以路径中的最后一个斜线为分隔符把路径分隔成两部分，以列表形式返回
splitext(path)	从路径中分隔文件的扩展名
splitdrive(path)	从路径中分隔驱动器的名称

例 6-11：以例 6-10 中的 test 文件夹为基础，完成以下操作。

（1）获取 city.txt 的绝对路径。

（2）获取 city.txt 的基本名称。

（3）获取 city.txt 的目录名称。

（4）检查 city.txt 路径是否存在。

（5）生成一个 E 盘根目录下的 city.txt 路径。

（6）将路径分隔为基本名称和扩展名。

代码如下。

```
# (1)获取 city.txt 的绝对路径
import os
abs_path = os.path.abspath('city.txt')
print(abs_path)
执行结果:
D:\test\city.txt
# (2)获取 city.txt 的基本名称
base_name = os.path.basename('city.txt')
print(base_name)
执行结果:
city.txt
# (3)获取 city.txt 的目录名称
dir_name = os.path.dirname('D:\\test\\city.txt')
print(dir_name)
执行结果:
D:\test
# (4)检查 city.txt 路径是否存在
exists = os.path.exists('D:\\test\\city.txt')
print(exists)
执行结果:
True
# (5)生成一个 E 盘根目录下的 city.txt 路径
new_path = os.path.join('E:\\', "city.txt")
print(new_path)
执行结果:
E:\city.txt
# (6)将路径分隔为基本名称和扩展名
base, ext = os.path.splitext('city.txt')
print(base, ext)
执行结果:
city .txt
```

6.2.3　精选案例

以例 6-10 中的 test 文件夹为基础,完成以下操作。

(1) 为 D:\test\file1 的每个文件前添加"python"前缀。

(2) 恢复(1)题添加"python"前的文件名。

(3) 删除 D:\test 中所有空文件夹。

分析:在第(1)题中,为每个文件名前面添加前缀,首先切换目录到指定文件夹,然后获取当前文件夹下的文件名列表,再用 for 循环遍历列表,用 os.rename()替换旧的文件名为新的文件名。

第(2)题中要求删除添加的"python"前缀,首先获取文件名列表,然后在 for 循环中用 os.rename()进行文件名的更改,本题的难点在于如何将原文件名中的"python"去掉,要用字符串的 str.replace()方法。

第(3)题要删除空文件夹,首先通过 os.listdir()获取文件名列表,然后用 for 循环遍历文件名列表,并用 os.path.isdir()来判断每一个"目录+文件名"是否是文件夹,如果是文件夹,再用 os.listdir()判断此文件夹内是否为空,如果为空,便用 os.rmdir()删除"目录+文件名"的文件夹。

代码如下。

```
#(1)为 D:\test\file1 的每个文件前添加"python"前缀
import os
os.chdir("D:\\test\\file1")
fname_list = os.listdir()
for i in range(len(fname_list)):
    os.rename(fname_list[i],"python" + fname_list[i])
print(os.listdir())
#(2)恢复(1)题添加"python"前的文件名
fname_list = os.listdir()
for i in range(len(fname_list)):
    os.rename(fname_list[i],fname_list[i].replace("python",""))
print(os.listdir())
#(3)删除 D:\test 中所有空文件夹
import os
l = os.listdir("D:\\test\\")
print(l)
for fname in l:
    if os.path.isdir("D:\\test\\" + fname):        # 如果是文件夹
        if not os.listdir("D:\\test\\" + fname):   # 如果子文件为空
            os.rmdir("D:\\test\\" + fname)
```

小结

本章内容思维导图如图 6-5 所示。

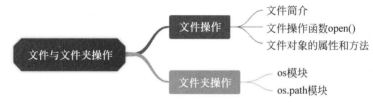

图 6-5　第 6 章内容思维导图

习题

在线测试

一、选择题

1. 以下代码执行后,book.txt 文件的内容是(　　)。

```
fo = open("book.txt","w")
ls = ['book','23','201009','20']
fo.write(str(ls))
fo.close()
```

A. book,23,201009,20

B. ['book','23','201009','20']

C. [book,23,201009,20]

D. book2320100920

2. 在 Python 语言中,使用 open()打开一个 Windows 操作系统 D 盘下文件,路径名错误的是( )。

    A. D:\PythonTest\a.txt   B. D:\\PythonTest\\a.txt

    C. D:/PythonTest/a.txt   D. D:// PythonTest//a.txt

3. 以下关于文件的说法,错误的是( )。

    A. 文件打开后,可以用 seek()控制对文件内容的读写位置

    B. 采用 readlines()可以读入文件中的全部文本,返回一个列表

    C. 使用 open()打开文件时,必须要用 r 或 w 指定打开方式,不能省略

    D. 如果没有采用 close()关闭文件,Python 程序退出时文件将被自动关闭

4. 文件 book.txt 在当前代码所在目录内,其内容是一段文本: book。以下代码的输出结果是( )。

```
txt = open("book.txt", "r")
print(txt)
txt.close()
```

    A. 非其他答案   B. book.txt

    C. txt   D. book

5. 在读写文件之前,需要打开文件使用的函数是( )。

    A. open   B. fopen   C. file   D. CFile

6. 以下关于文件的说法,错误的是( )。

    A. 当文件以二进制方式打开的时候,是按字节流方式读写

    B. 用 open()打开文件后,返回一个文件对象,用于后续的文件读写操作

    C. 用 open()打开一个文件,同时把文件内容载入内存

    D. write(x)函数要求 x 必须是字符串类型,不能是 int 类型采用二进制方式打开文件,文件被解析成为字节流

二、操作题

1. 编写一个程序,在当前工作目录下创建目录层级结构"backup/new/",然后将整个 source 目录内容复制到"backup/new/source"目录下。

2. 为 2024 年的每个月份创建一个文件夹(共 12 个),每个月份再根据其天数创建每日的文件夹,如 1 月份下面包含 31 个文件夹。

3. 文本文件 test.txt 里面的内容有约十行句子,每行句子中都有一些数字、汉字和英文字母。读取该文件,将所有数字删除后另存为 test2.txt。

第7章

Python计算生态

CHAPTER 7

【教学目标】

知识目标：

- 了解 Python 标准库中的常用模块及其功能。
- 学会使用 jieba 库进行文本分词和词云图生成。
- 掌握使用 pymysql 库进行数据库操作的方法。
- 熟悉使用 numpy 和 pandas 库进行数据分析的基本操作。
- 了解使用 matplotlib、pandas 绘图和 pyecharts 模块进行数据可视化的方法。
- 理解网络爬虫的基本概念。

技能目标：

- 学会使用 turtle 进行绘图。
- 学会使用 jieba 库进行分词并统计。
- 学会使用 tkinter 模块进行图形界面设计。
- 学会使用 PyInstaller 库打包应用程序。
- 学会使用 requests 和 BeautifulSoup 库进行网页数据抓取和分析。

情感与思政目标：

- 激发对 Python 计算生态的探索欲望和创新精神。
- 增强成就感和技术自信。
- 通过对科技伦理和互联网法规的融入，培养学生技术使用的道德边界和法律责任，提高社会责任感和法律意识。

【引言】

Python 之所以应用广泛，主要原因在于其丰富的第三方库的支持，形成了庞大的计算生态。Python 自带了标准库，常用的有 turtle 库、random 库、time 库、datetime 库，还支持大量的第三方库，如文本分析 jieba 库、词云图绘制 wordcloud 库、打包软件 PyInstaller 库、数据库操作 pymysql 库、图形界面库、网络爬虫库，等等。

🔑 7.1   标准库

Python 标准库是 Python 自带的一系列模块和功能的集合,为开发者提供了丰富的工具和资源,用于处理各种常见的编程任务。

7.1.1   turtle 库

turtle 是 Python 的一个标准图形库,它提供了一种面向对象的绘图方式,允许用户通过一个"海龟"在屏幕上画图。使用 turtle 库可以画出各种简单的形状和图案。

要使用 turtle 库,首先需要导入 turtle 库。与其他库类似,需要使用 import 语句导入,如下。

import turtle

turtle 库的使用主要包含窗口的全局控制命令、绘图命令和控制命令,分别涉及对绘图环境的整体控制和对海龟绘图行为的具体控制。

turtle 库的常用全局控制命令可以设置窗体的大小、清空窗口内容等,详细说明如表 7-1 所示。

表 7-1   turtle 库的全局控制命令

命　　令	说　　明
turtle. setup (width, height, startx, starty)	创建窗体:宽度、高度、距左侧的距离、距顶部的距离
turtle. clear( )	清空 turtle 窗口,但是 turtle 的位置和状态不会改变
turtle. reset( )	清空窗口,重置 turtle 状态为起始状态
turtle. undo( )	撤销上一个 turtle 动作
turtle. isvisible( )	返回当前 turtle 是否可见
stamp( )	复制当前图形
turtle. write (s [, font = (" font-name", font_size, "font_type")])	写文本,s 为文本内容,font 是字体的参数,里面分别为字体名称、大小和类型;font 为可选项,font 的参数也是可选项

turtle 库的绘图命令,可以控制画笔的拿起、放下、向前、旋转等操作,详细说明如表 7-2 所示。

表 7-2   turtle 库的绘图命令

命　　令	说　　明
turtle. penup( )	拿起画笔,拿起之后画笔的移动轨迹将不会绘制出
turtle. pendown( )	放下画笔,与上述相反,画笔放下的状态也是正常打开 turtle 窗体所处的状态
turtle. forward(distance)	向当前指定方向移动绘制相应的距离,参数为数字,当数字为负值时,也可代表向相反方向绘制
turtle. backward(distance)	向当前指定的相反方向绘制相应的距离,参数为数字
turtle. right(degree)	顺时针旋转 degree°
turtle. left(degree)	逆时针旋转 degree°
turtle. goto(x, y)	将画笔移动到坐标为 x, y 的位置

续表

命　　令	说　　明
turtle.speed(speed)	设置画笔的绘制速度,范围为 0~10 的整数,依次加快
turtle.circle(radius, extent=None, steps=None)	radius 为半径,负数为向左绘制;extent 表示绘制的圆弧的角度范围;steps 表示圆弧应该分成多少段来绘制
turtle.setheading(angle)	以正右方为绝对零度,逆时针旋转相应的度数,参数为数字(可以简写为 seth)
home()	将当前画笔调整到零点的位置,画笔指向正右方

turtle 库的控制命令,可以控制画笔的粗细、颜色、填充颜色、箭头隐藏等,详细说明如表 7-3 所示。

表 7-3　turtle 库的控制命令

命　　令	说　　明
turtle.pensize(width)	绘制图形时的粗细,单位为 px
turtle.pencolor()	画笔颜色
turtle.color(color1, color2)	同时设置画笔和填充的颜色,前者为画笔,后者为填充
turtle.begin_fill()	开始填充
turtle.end_fill()	填充完成
turtle.fillcolor(colorstring)	绘制图形的填充颜色
turtle.filling()	返回当前是否在填充状态
turtle.hideturtle()	隐藏箭头显示
turtle.showturtle()	与 hideturtle() 函数对应

例 7-1：使用 turtle 库绘制一个边长为 100px 的三角形。

分析：turtle 的画笔默认是向右的,首先,用 for 循环可以控制三条边的绘制次数,然后,对于每一条边的绘制让画笔向前进 100px,再逆时针旋转 120°。

```python
import turtle
for i in range(3):
    turtle.fd(100)
    turtle.left(120)
turtle.done()      #这条语句可以固定图形效果,便于查看
```

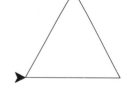

图 7-1　三角形效果图

绘制效果如图 7-1 所示。

例 7-2：使用 turtle 库绘制一个边长为 100px 的正方形。

分析：用 for 循环控制 4 条边的绘制次数,对于每一条边的绘制让画笔向前进 100px,再逆时针旋转 90°。

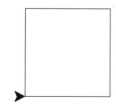

图 7-2　正方形效果图

```python
import turtle
for i in range(4):
    turtle.fd(100)
    turtle.left(90)
turtle.done()
```

绘制效果如图 7-2 所示。

例 7-3：设置画布为 500×500px,移动画笔到(0,0)的位置,绘制一个边长为 100px 的五角星(内角为 36°)。

分析：使用 turtle.setup() 设置画布大小,移动画笔时需要提起画笔,使用 turtle.penup(),

用 turtle.goto()移动到(0,0)后,使用 turtle.pendown()放下画笔。然后用 for 循环绘制 5 条边,对于每一条边 turtle.fd(100),然后顺时针旋转 144°,继续绘制。

```python
import turtle
turtle.setup(500,500)
turtle.penup()
turtle.goto(0,0)
turtle.pendown()
for i in range(5):
    turtle.fd(100)
    turtle.right(144)
turtle.done()
```

例 7-4:绘制一个边长为 200px 的五角星,画笔粗细为 3px,将图形内填充黄底红边。

分析:在用 for 循环绘制前需要使用 turtle.pensize()设置画笔粗细,填充图形需要使用 turtle.color()同时设置画笔颜色和填充颜色,并使用 turtle.beginfill()和 turtle.endfill()控制填充起始和终止位置。

```python
import turtle
turtle.pensize(3)
turtle.color("red","yellow")
turtle.begin_fill()
for i in range(5):
    turtle.fd(200)
    turtle.right(144)
turtle.end_fill()
turtle.done()
```

绘制效果如图 7-3 所示。

例 7-5:绘制一个边长为 200px、画笔为 2px 的正五边形,正五边形 5 个内角均为 108°。

分析:五边形用 for 循环实现,用 turtle.fd(200)绘制边长,然后每绘制完一条边,逆时针旋转增加 72°。

```python
import turtle
for i in range(5):
    turtle.fd(100)
    turtle.left(72)
turtle.done()
```

绘制效果如图 7-4 所示。

图 7-3   五角星填充效果

图 7-4   五边形的绘制效果

小提示：

（1）如果希望图形绘制后隐藏画笔的箭头，则使用 turtle.hideturtle()。

（2）转变角度也可以用绝对角度 turtle.seth() 来描述，如本例使用绝对角度描述后，代码可更改如下。

```
import turtle
d = 72
for i in range(5):
    turtle.fd(100)
    turtle.seth(d)
    d += 72
turtle.done()
```

例 7-6：绘制一个直径为 200px 的四瓣花图形，如图 7-5 所示。

分析：本例中的绘制关键点是半圆，用 turtle.circle(100,180) 可以设置绘制半径和弧度，来绘制出半圆，绘制后箭头的方向应该调整多少度，需要认真观察图形，分析箭头旋转方向为逆时针 90°。

```
import turtle
for i in range(4):
    turtle.circle(100,180)
    turtle.left(90)
turtle.hideturtle()
turtle.done()
```

例 7-7：设置画笔粗线为 5px，绘制一个边长为 100px 的正六边形，再绘制半径为 60px 的红色圆内接正六边形，如图 7-6 所示。

视频讲解

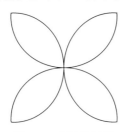

图 7-5　四瓣花图形　　　　图 7-6　正六边形效果图

分析：首先绘制一个正六边形，每绘制一条边要顺时针旋转 60°。第二个红色的正六边形如何绘制？本题换一种思路，用圆的内接方式来做，借助 circle(60,steps＝6)，发挥 step 参数的作用，即可绘制内接六边形，如要内接四边形，将 step 设置为 4 即可。

```
from turtle import *
#设置画笔粗细
pensize(5)
#绘制正六边形
for i in range(6):
    fd(100)
    right(60)
#设置后续使用的画笔颜色
color('red')
#以绘制圆的方式来绘制内接六边形
```

```
circle(60, steps = 6)
♯隐藏画笔
hideturtle()
♯保持图形
done()
```

例 7-8：绘制边长为 200px 的太阳花,每次旋转角度为 170°,如图 7-7 所示。

分析：本例中的难点在于 for 循环的次数,应绘制多少条边,一般设定为 36 次,原因是 36 是一个高度可分的数字,它可以被 2、3、4、6、9、12 等数字整除,能够确保绘制出一朵既美观又符合太阳花特征的图案。

```
from turtle import *
♯设定画笔与填充颜色
color('red','yellow')
♯开始填充
begin_fill()
♯绘制图形
for i in range(36):
    fd(200)               ♯边长为 200px
    left(170)             ♯逆时针旋转 170°
♯结束填充
end_fill()
done()
```

例 7-9：绘制一个红色填充的心形图形,如图 7-8 所示。

图 7-7　太阳花效果图　　　　　　　　　　　图 7-8　心形图形效果图

分析：心形的绘制思路可以有多种。本例从最下面的顶点处开始绘制,首先向逆时针旋转 140°转变画笔方向,沿此方向绘制 111.65px 的直线,再继续绘制弧形,弧形的绘制本例中使用自定义函数,用 200 次的小短线绘制弧形,读者也可用半圆的形式来绘制。弧形绘制后,向左旋转画笔方向 120°,继续绘制弧形、直线,即可。以上数据均为调试数据,读者也可尝试更改数据,绘制更大一点的心形,或采用半圆绘制重新调整数据。

```
from turtle import *
♯定义弧形绘制函数
def curvemove():
    for i in range(200):
        right(1)
```

```
        fd(1)
#设定画笔与填充颜色
color('black','red')
speed(200)
#开始填充
begin_fill()
#绘制左半边
left(140)
fd(111.65)
curvemove()
#绘制右半边
left(120)
curvemove()
fd(111.65)
#结束填充
end_fill()
hideturtle()
done()
```

7.1.2　random 库

random 库是 Python 中的一个标准库,用于生成伪随机数。这个库提供了一系列用于生成随机数的函数,以及用于操作随机序列的功能。

random 库的主要功能如表 7-4 所示。

表 7-4　random 库的主要功能

函　　数	功　　能
seed()	随机数种子,参数一般默认以当前时间作为种子,每一个不同的种子都有一种随机数序列,因为时间在不停地变化,所以可以导致随机数选取的序列也在变化,从而伪造成随机数的假象,设置随机数种子主要是为了重复程序运行的轨迹
random()	生成范围在[0,1.0)的随机小数
randint(a,b)	生成范围在 a~b 的整数,随机数范围包含两个整数
choice()	从序列类型中随机返回一个元素,参数是序列类型
shuffle()	将序列类型中的元素随机打乱,返回打乱后的序列类型,参数为序列类型
sample()	从序列类型中随机选取几个元素,有两个参数,依次为序列类型和选取元素的个数
randrange()	类似于从 range()函数中随机取一个数,有三个参数依次为起始位置、结束位置和步长
uniform()	生成一个随机小数,参数为两个数字,生成的随机小数在两个数字之间,随机数范围包含两个数字

例 7-10:生成一个 0~1 的随机浮点数并输出。

```
import random
data = random.random()
print(f"随机浮点数:{data}")
```

例 7-11:生成一个 1~10 的随机整数,保留两位小数位数输出。

```
import random
data = random.randint(1, 10)
print(f"随机整数:{data:.2f}")
```

注意：本例中每次执行的结果均不相同。如果要固定生成的数字,则需要设置随机数种子 seed(),括号中的参数可以输入一个数字,改写本例如下。

```python
import random
random.seed(0)
data = random.randint(1, 10)
print(f"随机整数:{data}")
```

例 7-12：已有列表 data_list = [1，2，3，4，5],从列表中随机选择一个元素输出。

```python
import random
data_list = [1, 2, 3, 4, 5]
data = random.choice(data_list)
print(f"随机选择: {data}")
```

注意：本例中每次执行结果均不相同。

例 7-13：已有列表 data_list = [1，2，3，4，5],打乱列表中的元素顺序,并输出查看结果。

```python
import random
data_list = [1, 2, 3, 4, 5]
random.shuffle(data_list)
print(f"打乱后的列表:{data_list}")
```

注意：本例中每次执行结果均不相同。

例 7-14：以 255 为随机数种子,随机生成 5 个 1(包含)～50(包含)的随机整数,每个随机数之间以空格分隔,在屏幕上输出这 5 个随机数。

```python
import random
#设置随机数种子
random.seed(255)
for i in range(5):
    #生成1～50的随机整数并输出
    print(random.randint(1,50),end=" ")
```

执行结果：

```
4 21 41 41 38
```

视频讲解

例 7-15：已有手机列表 Brandlist＝["华为","苹果","小米","oppo","vivo"],请编写代码,随机选择一个手机品牌输出。

第一种方法：用 random.choice()来选择列表中的元素输出。

```python
Brandlist = ['华为', '苹果', '小米', 'oppo','vivo']
import random
print(random.choice(Brandlist))
```

第二种方法：根据列表长度生成随机数。

```python
Brandlist = ['华为', '苹果', '小米', 'oppo','vivo']
import random
n = random.randint(0,len(Brandlist) - 1)
print(Brandlist[n])
```

例 7-16：以 25 为种子,随机生成一个 1～100 的整数,让用户来猜,用户最多只能猜 6 次,若猜的数大了,提示"大了,请再试试";若小了,提示"小了,请再试试";若正确,则提示

"恭喜你,猜对了!";若 6 次还没猜对,则提示"谢谢,请休息后再猜",退出程序。

分析:首先用 randint()生成随机数作为答案 answer,然后用 for 循环控制猜测次数,在循环体中获取用户的每一次输入,并用 if…elif…else 比较用户输入的数字与答案是否一致,分别输出不同的反馈。

```python
import random
#设置随机数种子
random.seed(25)
#生成随机数
answer = random.randint(1,100)
c = 0
for i in range(6):
    #获取用户猜测结果
    n = int(input("请猜一个 1～100 之间的整数:"))
    #比较用户输入与答案的大小
    if n == answer:
        print("猜对了!")
        break
    elif n > answer:
        print("猜大了!")
        c += 1
    elif n < answer:
        print("猜小了!")
        c += 1
    if c == 6:
        print("请稍后再猜")
```

在本例中,如果希望每次执行程序时生成的答案均不同,可以去掉随机数种子 seed(),如果希望每次用户输入答案后缩小提示范围,并且允许用户不限猜测次数,那么,程序应该如何调整呢?请尝试一下吧!

按以上要求调整后代码如下。

```python
import random
#设置随机数种子
random.seed(25)
#生成随机数
answer = random.randint(1,100)
low = 1
high = 100
while True:
    #获取用户猜测结果
    n = int(input(f"请猜一个{low} - {high}之间的整数:"))
    #比较用户输入与答案的大小
    if n == answer:
        print("猜对了!")
        break
    elif n > answer:
        print("猜大了!")
        if n > high
            high = n
    elif n < answer:
        print("猜小了!")
        if n > low
            low = n
```

例 7-17：以 26 个小写字母和 0～9 数字为基础，以用户输入的数字为种子，随机生成 10 个 8 位密码，并将每个密码在单独一行打印输出。

分析：

第 1 步，生成小写字母和数字的列表并组合到一个列表中。

可以使用列表推导式，或者使用 for 循环结构，均可分别生成两个列表，然后用列表连接的方式组合到一个列表中。

第 2 步，由用户输入随机数种子。

获取用户输入，并将其转换为 int 型，然后用 random.seed() 生成随机数。

第 3 步，定义列表，用于保存所有密码。通过 for 循环生成 10 个密码，对每个密码，使用字符串相加的方式，将其追加到字符串中。

第 4 步，输出每个密码。

在以上第 3 和第 4 步中，如果不需要保存密码，也可以不定义列表和字符串，直接输出。

```python
import random
#生成小写字母列表
letters = [chr(ord('a') + i) for i in range(26)]
# print(letters)
#生成 0～9 的数字列表
num = [i for i in range(0,10)]
# print(num)
#将两个列表进行组合
new_list = letters + num
# print(new_list)
#获取用户输入
n = int(input("请输入随机数种子"))
#使用用户输入的数字设置随机数种子
random.seed(n)
#定义密码列表
passlist = []
#生成 10 个密码
for i in range(10):
    #定义密码字符串
    p_word = ''
    #生成 8 个字符并将其连接到密码字符串中
    for j in range(8):
        p_word = p_word + str(new_list[random.randint(0,len(new_list) - 1)])
    #将密码存入密码列表
    passlist.append(p_word)
#输出每个密码
for data in passlist:
    print(data)
```

7.1.3　time 库

time 库用于处理时间和日期。它提供了多种与时间相关的功能，如获取当前时间、进行时间运算、时间格式化等。在使用 time 库时，要注意计算机元年是从 1970 年 1 月 1 日 0 时开始的，此时时间为 0，之后每过一秒时间＋1，前文 random 库中的 seed 就是以此计时的参数。time 库中的常用函数和方法如表 7-5 所示。

表 7-5　time 库的常用函数与方法

函　　数	功　　能
time( )	返回从计算机元年至当前时间的秒数
sleep( )	让程序睡眠一段时间,参数是给定的相应的秒数
localtime( )	获取当前时间
gmtime( )	获取世界统一时间,与 localtime( ) 有 8 小时的时差
ctime( )	用于将一个时间戳(以 s 为单位的浮点数)转换为"Sat June 13 08:00:00 2024"的形式
strftime(format,t)	将一个 struct_time 对象(如 localtime( ) 的返回值)格式化为一个字符串。如果不提供 struct_time 对象,则使用当前时间
strptime(string, format)	将一个字符串解析为一个 struct_time 对象

time 的时间戳中,字符串含义如表 7-6 所示。

表 7-6　time 的字符串时间戳

格式化字符串	日期/时间	值　范　围
%Y	年份	0001～9999
%m	月份	01～12
%B	月名	January～December
%b	月名缩写	Jan～Dec
%d	日期	01～31
%A	星期	Monday～Sunday
%a	星期缩写	Mon～Sun
%H	小时(24 小时)	00～23
%I	小时(12 小时)	01～12
%p	上/下午	AM,PM
%M	分钟	00～59
%S	秒	00～59

例 7-18:输出当前距离世界标准时间的 1970 年 1 月 1 日 00:00:00 的秒数,并查看当前时间。

```
import time
print(time.time())
print(time.ctime())
```

执行结果:

```
1716949775.0691705
Wed May 29 10:29:35 2024
```

例 7-19:程序执行过程中,休息 3s。

```
import time
print("开始")
time.sleep(3)
print("结束")
```

例 7-20:输出当前的准确时间,并更改格式为常用的日期时间格式。

```
import time
```

```
#获取本地时间
t = time.localtime()
#查看本地时间
print(t)
#更改时间格式
print(time.strftime("%Y-%m-%d %H:%M:%S",t))
```

执行结果：

```
time.struct_time(tm_year = 2024, tm_mon = 5, tm_mday = 29, tm_hour = 10, tm_min = 43, tm_sec =
53, tm_wday = 2, tm_yday = 150, tm_isdst = 0)
2024-05-29 10:43:53
```

例 7-21：已有时间变量 t="2024-6-1 18:45:09"，输出其时间结构。

```
import time
t = "2024-6-1 18:45:09"
print(time.strptime(t, "%Y-%m-%d %H:%M:%S"))
```

执行结果：

```
time.struct_time(tm_year = 2024, tm_mon = 6, tm_mday = 1, tm_hour = 18, tm_min = 45, tm_sec = 9,
tm_wday = 5, tm_yday = 153, tm_isdst = -1)
```

7.1.4　datetime 库

在 Python 中，time 库虽然提供了处理时间戳、格式化时间、实现程序休眠等功能，但其更侧重于时间的计算和程序的暂停等操作，对于日期和时间的算术运算、时区处理、时间间隔等更为复杂的日期和时间处理功能，time 库操作则不太方便。

datetime 库也是一种日期时间处理库，它对日期和时间的表示和计算更简洁，便于理解和操作，适合用于处理具有日期和时间属性的数据，如日志记录、日历事件、计划任务等。

datetime 的主要类有以下 4 类。

(1) datetime 类：表示日期和时间的组合，包含年、月、日、时、分、秒和微秒等信息。

(2) date 类：仅表示日期，包含年、月和日等信息。

(3) time 类：仅表示时间，包含时、分、秒和微秒等信息。

(4) timedelta 类：表示时间间隔，用于日期和时间的加减运算。

常用函数的介绍如表 7-7 所示。

表 7-7　datetime 的常用函数

函　　数	功　　能
datetime.datetime.now()	获取当前日期和时间
datetime.date.today()	获取当前日期
datetime.datetime.strptime()	将字符串解析为 datetime 对象
datetime.datetime.strftime()	将 datetime 对象格式化为字符串

例 7-22：输出当前的日期和时间。

```
from datetime import datetime, timedelta
#获取当前日期和时间
now = datetime.now()
print("当前日期和时间:", now)
```

执行结果：

当前日期和时间：2024－05－29 12:45:24.424400

例 7-23：自定义一个时间的 datetime 对象 2030 年 1 月 1 日 12:00:00。

```
from datetime import datetime, timedelta
# 自定义一个时间的 datetime 对象
def_date = datetime(2030, 1, 1, 12, 00,00)
print("自定义日期和时间:", def_date)
```

执行结果：

自定义日期和时间：2030－01－01 12:00:00

例 7-24：输出 3 天后的日期和时间，并输出年、月、日、时、分、秒。

```
from datetime import datetime, timedelta
later = now + timedelta(days = 3)
print("3 天以后的日期和时间:", later)
print(f"3 天后的年:{later.year},月:{later.month},日:{later.day},时:{later.hour},分:
{later.minute},秒:{later.second}")
```

执行结果：

3 天以后的日期和时间：2024－06－01 12:57:39.963725
3 天后的年:2024,月:6,日:1,时:12,分:57,秒:39

例 7-25：将当前的日期更改为斜线形式输出，如 2024/6/1。

```
# 格式化日期和时间
formatted_datetime = now.strftime("%Y/%m/%d")
print("格式化的日期和时间:", formatted_datetime)
```

执行结果：

格式化的日期和时间：2024/05/29

7.1.5　精选案例

1. 生成随机数

以 123 为随机数种子，随机生成 10 个 1(含)～999(含)的随机整数，每个随机数后跟随一个逗号进行分隔，屏幕输出这 10 个随机数。

编写代码如下。

```
import random
random.seed(123)
for i in range(10):
    print(random.randint(1,999), end = ",")
```

2. 计算随机数平方和

以 0 位随机数种子，随机生成 5 个 1(含)～97(含)的随机数，计算这 5 个随机数的平方和。

分析：使用 random.seed()设置随机数种子，使用 random.randint()生成 5 个随机整数,定义变量 s,将每一次生成的随机数的平方求和加到变量 s 中。

编写代码如下。

```
import random
random.seed(0)
s = 0
for i in range(5):
    n = random.randint(1,97)        #产生随机数
    s = s+n**2
print(s)
```

3. 查字典通讯簿

已有字典 pdict＝{'Alice':['123456789'],'Bob':['234567891'],'Lily':['345678912'], 'Jane':['456789123']},存储了一些人名及其电话号码。请用户输入一个人的姓名,在字典中查找该用户的信息,如果找到,生成一个 4 位数字的验证码,并将名字、电话号码和验证码输出在屏幕上,如示例所示。如果查找不到该用户信息,则显示"对不起,您输入的用户信息不存在。"

示例如下。

输入：Bob

输出：Bob 234567891 1926

输入：bob

输出：对不起,您输入的用户信息不存在

分析：本例是对字典内容进行查询,并使用 random 库生成 4 位验证码,难点在于名字、电话号码和验证码的输出,用 get()来获取字典中的电话号码,用 random. randint()生成随机 4 位数字验证码。

编写代码如下。

```
import random
random.seed(2)
pdict = {'Alice': ['123456789'],
         'Bob': ['234567891'],
         'Lily': ['345678912'],
         'Jane': ['456789123']}
name = input('请输入一个人名:')
if name in pdict:
    print("{} {} {}".format(name, pdict.get(name)[0], random.randint(1000, 9999)))
else:
    print("对不起,您输入的用户信息不存在。")
```

4. 提取时间

time 库是 Python 语言中与时间处理相关的标准库,time 库中的 ctime 函数能够将一个表示时间的浮点数变成人类可以理解的时间格式。

例如：

```
import time
```

```
print(time.ctime(1519181231))
```

输出结果：

```
Wed Feb 21 10:47:11 2018
```

获取用户输入的时间，提取并输出时间中"小时"的信息。例如，输入 1519181231，应输出 10。

分析：首先使用 ctime() 将时间转换为时间戳，然后将时间戳字符串用 split() 分隔为列表，提取的"小时"位于列表中索引位置为 3 的位置，并切片读取此字符串 0-1 索引位置的内容。

编写代码如下。

```
import time
t = input("请输入一个浮点数时间信息：")
s = time.ctime(float(t))
ls = s.split()
print(ls[3][0:2])
```

5. 生成指定随机数

获得用户输入的三个整数，以逗号分隔，分别记为 n、m、k，其中，$m > k$，以 1 为随机数种子，产生 n 个在 k 和 m 之间的随机整数（包括 k 和 m），将这些随机数输出，每个数一行。

示例如下（其中数据仅用于示意）。

输入：

4,26,10

输出：

14

12

18

13

分析：获取用户输入后，用 split() 将三个数分隔为列表，然后分别将三个列表元素转换为 int 型并赋值到 n、m、k 中。最后用 for 循环 n 次，生成 n 个数，每一次生成的数用 randint(k,m) 来随机生成。

编写代码如下。

```
import random as r
r.seed(1)
s = input('请输入三个整数 n,m,k:')
slist = s.split(',')
n,m,k = eval(slist[0]),eval(slist[1]),eval(slist[2])
for i in range(n):
    print(r.randint(k,m))
```

6. 姓名查询

请编写代码替换省略号，不可以修改已有代码，实现以下功能。

（1）定义一个列表 persons，里面有一些名字字符串。

（2）在该列表中查找用户输入的一个名字字符；如果找到，则生成一个 4 位数字的随机数组成的验证码，输出找到的名字和验证码。如果找不到该字符串，则输出提示信息"对不起,您输入的名字不存在"。如果用户输入一个字母"q",则退出程序。

(3) 显示提示信息后,再次显示"请输入一个名字:"提示用户输入,重复执行步骤(2); 执行三次后自动退出程序。

输入输出示例:

输入:

Alice

输出:

Alice 1001

输入:

bob

输出:

对不起,您输入的名字不存在

输入:

q

输出:

程序自动退出

分析:本题考查循环和 break 的搭配用法,确保用户能有三次查询机会,并且当输入 "q"字符时退出循环。在循环体中,对用户输入的名字进行查询,如果名字在 persons 列表 中,则输出名字,并结合 random.randint()生成一个 4 位验证码,如果用户输入的名字不在 persons 列表中,则提示"对不起,您输入的名字不存在"。

编写代码如下。

```python
import random as r
r.seed(0)
persons = ['Alice', 'Bob','lala', 'baicai']
flag = 3
while flag > 0:
    flag -= 1
    name = input('请输入一个名字:')
    if name == 'q':
        print('程序自动退出')
        break
    elif name in persons:
        num = r.randint(1000,9999)
        print('{} {}'.format(name, num))
    else:
        print('对不起,您输入的名字不存在')
```

🔍 7.2　文本分析

文本分析是一种对文本的深入理解和信息提取过程,它可以揭示文本中的模式、主题、 情感以及其他重要信息,常用于对社交媒体、市场调研、学术研究等进行主题建模、情感分 析、关键词提取等分析。

7.2.1　jieba 库

1. 第三方库的安装

除标准库外，其他第三方库的使用，都必须首先安装它，本章中第三方库的安装方式类似，之后不再赘述。常用的第三方库的安装方式有命令行安装和菜单安装。

命令行安装方式较为便捷，在 Terminal 中输入：pip install 库名，即可安装第三方库，或者在 Python Packages 中，也可以搜索所需要的第三方库进行安装，有时如果安装不了，需要重新设置镜像源，常用的镜像源有以下几个。

（1）清华大学 TUNA 镜像源：https://pypi.tuna.tsinghua.edu.cn/simple/。

（2）阿里云镜像源：https://mirrors.aliyun.com/pypi/simple/。

（3）华为云镜像源：https://developer.huaweicloud.com/mirror/#/pypi_simple 或 https://mirrors.huaweicloud.com/repository/pypi/simple/。

（4）豆瓣（DOUBAN）镜像源：http://pypi.doubanio.com/simple/。

（5）中国科技大学镜像源：https://pypi.mirrors.ustc.edu.cn/simple/。

（6）北京外国语大学镜像源：https://pypi.mirrors.bfu.edu.cn/simple/。

除此之外，也可以通过菜单栏安装。启动 PyCharm，单击 File 菜单，选择 Settings，进入 Python Interpreter 的设置界面，如图 7-9 所示。

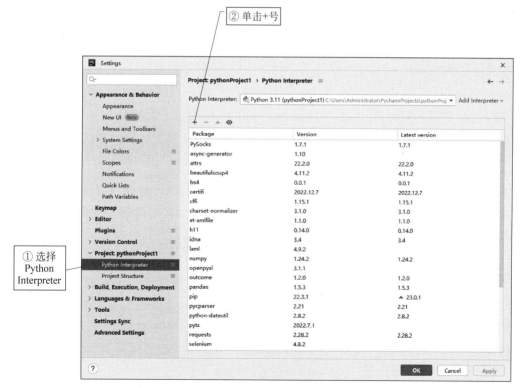

图 7-9　Settings 界面

单击＋号后，打开的界面如图 7-10 所示。在输入框中输入"requests"，单击 Install Package 按钮，即可自动下载安装 Requests 库。

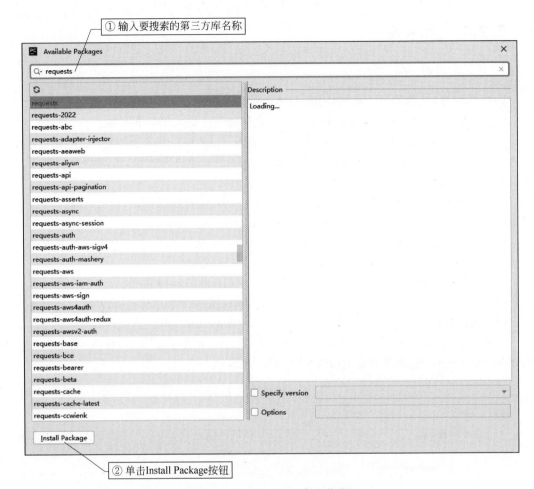

图 7-10　第三方库的搜索安装界面

2. jieba 库的使用

jieba 库是优秀的中文分词第三方库,它可以对中文进行简单分词、并行分词、命令行分词,支持关键词提取、词性标注、词位置查询等,在中文文本数据挖掘中占据重要的地位。安装的方法使用命令行方式为:pip install jieba,导入命令如下。

```
import jieba
```

jieba 有三种分词模式:精确模式、全模式、搜索引擎模式。其中,精确模式试图将句子最精确地切开,适合文本分析。全模式是把句子中所有的可以成词的词语都扫描出来,速度非常快,但是不能解决歧义。搜索引擎模式是在精确模式的基础上,对长词再次切分,提高召回率,适合用于搜索引擎分词。分词模式及其用法如表 7-8 所示。

表 7-8　jieba 分词模式及用法

分 词 模 式	函 数 名 称
精确模式,返回一个列表	jieba. lcut()
搜索引擎模式,返回一个列表	jieba. lcut_for_search()

分 词 模 式	函 数 名 称
全模式,返回一个列表	jieba. lcut(text,cut_all＝True)
向分词的词典增加新词 w	jieba. add_word(w)

例 7-26：分别使用三种分词模式,将"Python 是一门编程语言"进行分词,并查看输出效果。

```
import jieba
text = '''Python 是一门编程语言'''
♯精确模式
cut_text1 = jieba.lcut(text)
print("这是精确模式:",cut_text1)
♯全模式
cut_text2 = jieba.lcut(text,cut_all = True)
print("这是全模式:",cut_text2)
♯搜索引擎模式
cut_text3 = jieba.lcut_for_search(text)
print("这是搜索引擎模式:",cut_text3)
```

执行结果:

```
这是精确模式:['Python', '是', '一门', '编程语言']
这是全模式:['Python', '是', '一门', '编程', '编程语言', '语言']
这是搜索引擎模式:['Python', '是', '一门', '编程', '语言', '编程语言']
```

lcut()函数返回的是一组列表,jieba 中还有 cut()函数可以返回一个迭代器,要通过 for 循环来获取元素。lcut_for_search()与 cut_for_search()也同理,前者返回列表,后者返回迭代器。

对一些新词汇,在 jieba 的语料库中未被包含进去的,用户可以使用 jieba. add_word(word)来自定义添加,不需要时可以用 del_word(word)删除分词。

例 7-27：在 jieba 中添加新词"北京天安门",使用精确模式将"他来到中国旅游,看了北京天安门"进行分词并查看结果。

```
import jieba
jieba.add_word("北京天安门")
text = '''他来到中国旅游,看了北京天安门。'''
♯精确模式
cut_text1 = jieba.lcut(text)
print("这是精确模式:",cut_text1)
```

执行结果:

```
这是精确模式:['他', '来到', '中国', '旅游', ',', '看', '了', '北京天安门', '。']
```

例 7-28：$s=$"中国特色社会主义是实现中华民族伟大复兴的必由之路",用三种分词模式分别运行并查看结果。

```
import jieba
text = '''中国特色社会主义是实现中华民族伟大复兴的必由之路'''
♯精确模式
cut_text1 = jieba.lcut(text)
print("这是精确模式:",cut_text1)
```

```
#全模式
cut_text2 = jieba.lcut(text,cut_all = True)
print("这是全模式:",cut_text2)
#搜索引擎模式
cut_text3 = jieba.lcut_for_search(text)
print("这是搜索引擎模式:",cut_text3)
```

执行结果:

这是精确模式:['中国','特色','社会主义','是','实现','中华民族','伟大','复兴','的','必由之路']

这是全模式:['中国','国特','特色','社会','社会主义','会主','主义','是','实现','中华','中华民族','民族','伟大','复兴','的','必由之路','之路']

这是搜索引擎模式:['中国','特色','社会','会主','主义','社会主义','是','实现','中华','民族','中华民族','伟大','复兴','的','之路','必由之路']

视频讲解

例 7-29:已有"职业教育发展报告.txt"文件,请分词并统计词频,按词频从高到低输出前 20 项。

第 1 步,读取文件内容。

第 2 步,用 jieba 分词,得到词语列表。

第 3 步,用字典的 d.get()方法来统计词语数量。

第 4 步,将字典转换为二维列表,并排序整理,输出列表前 20 项。

编写代码如下。

```
import jieba
with open("职业教育发展报告.txt","r",encoding = "utf-8") as f:
    text = f.read()
#分词
cut_text1 = jieba.lcut(text)
# print("分词结果为:",cut_text1)用于查看执行结果
#定义停用词表,即无意义的词语及符号
stop_list = [',','，','、','.','?','\n','\u3000','的','"','"','与','等','了','在','年','为','和']
#去除停用词表,重新生成新列表
cut_text2 = [word for word in cut_text1 if word not in stop_list]
#定义字典,来统计词频
d = {}
for c in cut_text2:
    d[c] = d.get(c,0) + 1
# print(d)用于查看执行结果
#将字典转为二维列表
count_list = list(d.items())
# print(count_list)
#按词频从高到低整理列表
count_list.sort(key = lambda x:x[1],reverse = True)
# print(count_list)
#输出前 20 项词及其出现的次数
for i in range(20):
    print(count_list[i])
```

统计词频后的部分执行结果如图 7-11 所示。

执行结果:

('职业', 293)
('教育', 293)

```
[('职业', 293), ('教育', 293), ('和', 139), ('发展', 110), ('中国', 90), ('学校', 86), ('"', 75),
('与', 72), ('合作', 56), ('技能', 53), ('等', 50), ('国家', 48), ('了', 46), ('专业', 46), ('技术
', 45), ('在', 45), ('年', 45), ('为', 41), ('社会', 41), ('体系', 40), ('建设', 38), ('企业',
35), ('产业', 33), ('就业', 32), ('人才', 30), ('教学', 30), ('办学', 29), ('经济', 28), ('重要',
28), ('标准', 28), ('促进', 27), ('服务', 27), ('学生', 26), ('培训', 26), ('新', 25), ('开发',
25), ('培养', 25), ('推动', 25), ('融合', 24), ('国际', 24), ('将', 24), ('实施', 24), ('现代',
23), ('制度', 23), ('是', 23), ('世界', 22), ('创新', 22), ('中', 21), ('人才培养', 21), ('绿色',
21), ('开展', 20), ('推进', 20), ('个', 20), ('数字', 20), ('（', 19), ('）', 19), ('坚持', 19),
('建立', 19), ('构建', 18), ('特色', 18), ('能力', 18), ('高职', 18), ('全国', 17), ('改革', 17),
('提供', 17), ('实践', 17), ('产教', 17), ('提升', 17), ('《', 16), ('》', 16), ('把', 16), ('行业
', 16), ('；', 16), ('学习', 16), ('数字化', 16), ('职业技能', 16), ('人', 15), ('质量', 15), ('招
生', 15), ('参与', 15), ('高质量', 14), ('以', 14), ('优化', 14), ('设置', 14), ('超过', 14), ('工
作', 14), ('机制', 14), ('校企', 13), ('作为', 13), ('类型', 13), ('项目', 13), ('不同', 13), ('发
布', 12), ('需求', 12), ('各国', 12), ('可', 12), ('发挥', 12), ('作用', 12), ('不断', 12), ('共享
', 12), ('更', 12), ('平台', 12), ('对', 12), ('所', 12), ('课程', 12), ('有', 11), ('职教', 11),
('现代化', 11), ('毕业生', 11), ('需要', 11), ('教师', 11), ('投入', 11), ('评价', 11), ('举办',
10), ('中国政府', 10), ('模式', 10), ('方面', 10), ('实现', 10), ('人类', 10), ('加快', 10), ('对接
', 10), ('加强', 10), ('融入', 10), ('人员', 10), ('高等职业', 10), ('面向', 10), ('鲁班', 10), ('
工坊', 10), ('计划', 10), ('统筹', 10), ('完善', 10), ('万人', 10), ('实训', 10), ('制定', 10), ('
适应', 9), ('民生', 9), ('成为', 9), ('学徒制', 9), ('全面', 9), ('交流', 9), ('积极', 9), ('具有
', 9), ('规模', 9), ('供给', 9), ('力量', 9), ('内容', 9), ('上', 9), ('要求', 9), ('共建', 9),
('+', 9), ('强化', 9), ('中等职业', 9), ('政府', 9), ('市场', 8), ('领域', 8), ('一批', 8), ('以上
', 8), ('方式', 8), ('转型', 8), ('升级', 8), ('保障', 8), ('增强', 8), ('开放', 8), ('应用', 8),
('纳入', 8), ('组织', 8), ('普通教育', 8), ('加大', 8), ('一带', 8), ('一路', 8), ('中文', 8), ('政
策', 8), ('规划', 8), ('省级', 8), ('亿元', 8), ('在校生', 8), ('基地', 8), ('变革', 7), ('产业链',
```

图 7-11 统计词频效果图（部分）

('发展', 110)
('中国', 90)
('学校', 86)
('合作', 56)
('技能', 53)
('国家', 48)
('专业', 46)
('技术', 45)
('社会', 41)
('体系', 40)
('建设', 38)
('企业', 35)
('产业', 33)
('就业', 32)
('人才', 30)
('教学', 30)
('办学', 29)
('经济', 28)

例 7-30： 分析"三国演义.txt"文件，给出三国演义简介。

问题 1：用 jieba 进行分词，将统计结果写入 out.txt，每行一个词。

问题 2：对 out.txt 进行分析，打印输出"曹操"出现的次数。

分析问题 1：

第 1 步，读取文件内容。

第 2 步，用 jieba 分词。

第 3 步，将列表内容写入文件，每行一个词。

编写代码如下。

```python
import jieba
with open("三国演义.txt","r",encoding = "utf - 8") as f:
    lines = f.readlines()
#将分词结果写入文件
with open("out.txt","w",encoding = "utf - 8") as f:
    for line in lines:
        #由于空格太多,为了避免生成多个空行,需要删除行内的空格
        line = line.strip(" ")
        #对每一行进行分词
        wordlist = jieba.lcut(line)
        # print(wordlist)
        #将分词以回车连接,并写入文件中
        f.writelines("\n".join(wordlist))
```

执行结果如图 7-12 所示。

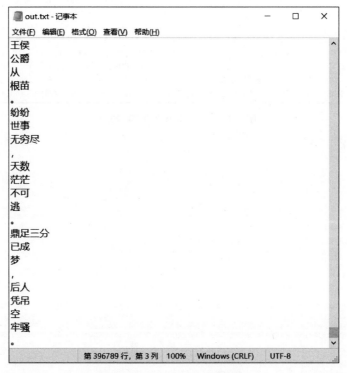

图 7-12   写入 out. txt 效果图

分析问题 2:对 out. txt 中的文本进行分析,统计"曹操"出现的次数,首先用 readlines()
读取文件每一行的内容,然后再统计"曹操"出现的次数。

编写代码如下。

```python
import jieba
#打开文件,读取所有行的数据
with open("out.txt","r",encoding = "utf - 8") as f:
    lines = f.readlines()
# print(lines)
#定义统计"曹操"次数的变量
count = 0
```

```
♯遍历列表,统计"曹操"次数
for words in lines:
    if words == "曹操\n":
        count += 1
♯输出结果
print(f"曹操出现的次数为:{count}")
```

执行结果:

曹操出现的次数为: 939

例 7-31: 获取用户输入的一段文本,用 jieba 精确分词,将字符长度大于 2 的词语及其词频写入文件 data. txt,每行一个词语,词语和词频之间用冒号分隔。

分析:

第 1 步,获取用户输入字符串。

第 2 步,将字符串分词,生成列表。

第 3 步,用字典统计大于 2 的词语及其数量。

第 4 步,将字典中的 key 及其值以冒号分隔写入文本文件。

编写代码如下。

```
import jieba
♯获取用户输入
s = input("请输入一段文本:")
♯将文本分词
cut_list = jieba. lcut(s)
♯用字典统计词语的数量
d = {}
for c in cut_list:
    if len(c)>= 2:
        d[c] = d. get(c,0) + 1
♯ print(d)
♯将字典中的数据写入文件
with open("data.txt","w",encoding = "utf - 8") as f:
    ♯遍历字典中的元素,将每个键值对以冒号分隔写入文本文件
    for key, value in d. items():
        f. write(f"{key}: {value}\n")
```

7.2.2 wordcloud 词云图

wordcloud 是优秀的词云展示第三方库。它可以根据文段中的关键字来绘制词云图,不仅可以分析西文文本,也可以分析中文文本。

1. 安装

按第三方库常用的安装方式,在命令行输入以下命令。

```
pip install wordcloud
```

即可安装 wordcloud 词云库。

2. 绘制词云图

wordcloud 库的基本语法结构:

wordcloud. WordCloud(width,height, min_font_size, max_font_size, font_step, font_path,max_words,stop_words, mask,background_color) 可以生成一个词云对象,属性及其描述如表 7-9 所示。

表 7-9   WordCloud 参数及含义

参　　　数	含　　　义
width	设定词云图的宽度,默认 400px
height	设定词云图的高度,默认 200px
min_font_size	设定词云图的最小字号,默认为 4 号
max_font_size	设定词云图的最大字号,根据高度自动调节
font_step	设定词云图的字号的间隔,默认为 1
font_path	设定词云图的文件路径,默认为 None,常用参数值为"msyh. ttc"
max_words	设定词云图的最大单词数量,默认为 200
stop_words	设定词云图的排除词列表,即不显示的单词列表
mask	设定词云图的形状,默认为长方形,需要引用 imread()函数
background_color	设定词云图的背景颜色,默认为黑色

绘制词云图的步骤如下。

第 1 步,用 wc=wordcloud. WordCloud(参数)生成词云对象。

第 2 步,用 wc. generate(文本)将文本赋值到词云对象中。

第 3 步,使用 wc. to_file(文件名)方法,将绘制好的词云图保存为文件格式。

例 7-32:已有列表 ss=['西瓜', '苹果', '香蕉', '葡萄', '西瓜', '西瓜', '香蕉', '香蕉', '西瓜', '桃子','苹果', '香蕉', '樱桃', '樱桃', '草莓', '榴梿', '桃子', '龙眼', '橘子'],请绘制词云图,并保存为"水果. png"格式。

```
import wordcloud
ss = ['西瓜', '苹果', '香蕉', '葡萄', '西瓜', '西瓜', '香蕉', '香蕉', '西瓜', '桃子', '苹果', '香
蕉','樱桃', '樱桃', '草莓', '榴梿', '桃子', '龙眼', '橘子']
#生成词云图的文本需要将列表中的内容用逗号分隔并连接起来
words_string = ','. join(ss)
#生成词云对象
wc = wordcloud. WordCloud(font_path = 'msyh. ttc', width = 800, height = 600, background_color =
"white")
#将文本填入词云对象
wc. generate(words_string)
#导出词云图
wc. to_file('水果' + '. png')
```

执行完成后,在当前目录下生成"水果. png"文件,打开文件如图 7-13 所示。

在本例中,设置了 800×800px 的画布,背景为白色,字体路径使用 msyh. ttc,最小字号默认为 10,读者可以调整各个参数,尝试参数变化带来的不同效果。

3. 改变词云图形状

词云图的默认形状是矩形,要修改它的形状,需要用到 imageio 库来辅助。导入方式为 from imageio. v2 import imread

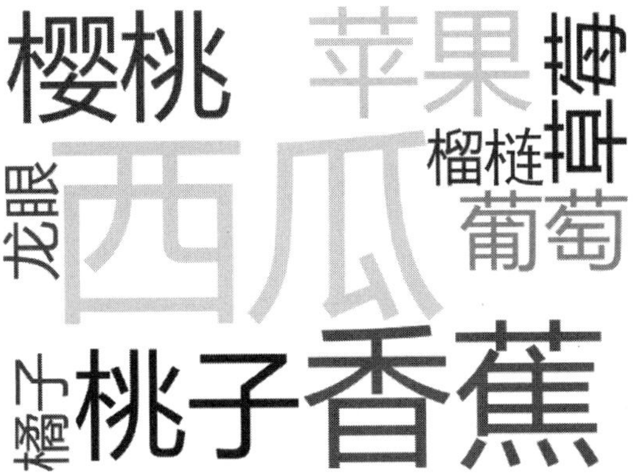

图 7-13　水果词云图

分析：

第 1 步，准备一个想要的图像，如在当前目录准备一个 tree.png 图像。

第 2 步，在程序中定义一个 mask 变量，用来读取图像中的数据。

第 3 步，修改词云对象 wordcloud.WordCloud()中 mask 的参数。

例 7-33：将例 7-32 的词云图展示为星形。

```
import wordcloud
from imageio.v2 import imread
ss = ['西瓜', '苹果', '香蕉', '葡萄', '西瓜', '西瓜', '香蕉', '香蕉', '西瓜', '桃子', '苹果', '香
蕉', '樱桃', '樱桃', '草莓', '榴梿', '桃子', '龙眼', '橘子']
＃将列表中的内容以逗号分隔连接成一个字符串对象
words_string = ','.join(ss)
＃新增代码，读取图像，定义 mask 对象
mask = imread("star.jpg")
＃创建词云对象，新增 mask 参数
wc = wordcloud.WordCloud(font_path = 'msyh.ttc',width = 800,height = 600,background_color =
"white",mask = mask)
＃将文本填充到词云对象中
wc.generate(words_string)
＃生成词云图文件
wc.to_file('水果 new' + '.png')
```

程序执行结束后，生成“点评.png”文件，打开效果如图 7-14 所示。

图 7-14　星形词云图

例 7-34：为"三国演义.txt"绘制词云图。

分析：在本例中，除按前文的步骤操作之外，还要注意去除分词后长度为 1 的词，可用列表推导式实现。另外，由于文章中词语较多，生成词云图建议只选用前 50 个词频高的词语，需要在词云对象的参数中设置词的数量。

```python
import jieba
import wordcloud
from imageio.v2 import imread
with open("三国演义.txt","r",encoding = "utf－8") as f:
    text = f.read()
#分词
cut_text1 = jieba.lcut(text)
# print("分词结果为:",cut_text1)用于查看执行结果
#定义停用词表,即无意义的词语及符号
stop_list = ['，','、','。','?','\n','\u3000','的','"','"']
#去除停用词表,重新生成新列表
cut_text2 = [word for word in cut_text1 if word not in stop_list]
#将长度大于或等于 2 的列表元素筛选出来,形成新的列表
newlist = [word for word in cut_text2 if len(word)>= 2]
#将列表元素以逗号分隔连接成一个字符串对象
ss = ','.join(newlist)
#新增代码,读取图像,定义 mask 对象
mask = imread("tree.png")
#创建词云对象,新增 mask 参数
wc = wordcloud.WordCloud(max_words = 50,font_path = 'msyh.ttc',width = 800,height = 600,
background_color = "white",mask = mask)
#将文本填充到词云对象中
wc.generate(ss)
#生成词云图文件
wc.to_file('三国' + '.png')
```

执行结果如图 7-15 所示。

图 7-15　三国演义.txt 树状词云图

7.2.3　精选案例

1. 统计字符串数量

从键盘输入一段文本，保存在一个字符串变量 txt 中，分别用 Python 内置函数及 jieba

库中已有函数计算字符串 txt 中的中文字符个数及中文词语个数。注意,中文字符包含中文标点符号。

分析:

第 1 步,录入数据,并保存到字符串变量 txt 中。

第 2 步,计算 txt 的长度为字符长度。

第 3 步,计算使用 jieba 分词后的词语数量。

第 4 步,输出结果。

编写代码如下。

```
import jieba
txt = input("请输入一个字符串")
n = len(txt)
m = len(jieba.lcut(txt))
print("中文字符数为{},中文词语数为{}。".format(n, m))
```

2. 统计词语平均长度

从键盘输入一段中文文本,不含标点符号和空格,命名为变量 s,采用 jieba 库对其进行分词,输出该文本中词语的平均长度,保留 1 位小数。

例如:

键盘输入:

吃葡萄不吐葡萄皮

屏幕输出:

1.6

分析:首先获取用户输入字符串,然后使用 jieba 分词对字符串分词,最后用字符串长度除以词语数量,即为词语的平均长度。

编写代码如下。

```
import jieba
s = input("请输入一段中文文本:")
ls = jieba.lcut(s)
print("{:.1f}".format(len(txt)/len(ls)))
```

3. 分词后逆序输出

从键盘输入一句话,用 jieba 分词后,将切分的词组按照在原话中逆序输出到屏幕上,词组中间没有空格。示例如下。

输入:

我爱妈妈

输出:

妈妈爱我

分析:使用 jieba 分词,分词后生成列表对象,然后将列表中的元素逆序输出即可。

编写代码如下。

```
import jieba
```

```
txt = input("请输入一段中文文本:")
ls = jieba.lcut(txt)
for i in ls[::-1]:
    print(i,end='')
```

视频讲解

4. 古诗分词

用户输入一首诗的文本，包含中文逗号和句号。用 jieba 库的精确模式对输入文本分词。

（1）将分词后的词语输出并以"/"分隔并统计中文词语数并输出。

（2）以逗号和句号将输入文本分隔成单句并输出，每句一行，每行 20 个字符宽，居中对齐。在 1 和 2 的输出之间，增加一个空行。

示例如下。

输入：

床前明月光，疑是地上霜。

输出：

床前/明月光/疑是/地上/霜

中文词语数是：5

床前明月光

疑是地上霜

分析：第（1）题中，将用户输入的字符串分词为列表，然后输出除标点符号之外的词，并以"/"分隔输出，并统计分词数量。

第（2）题中，要求以标点符号为分界线，将前后的句子分别按行输出。这里要设定一个变量 word，专门用于存储单行的句子，在对用户输入的诗句字符串进行 for 循环遍历时，要用 if 条件识别标点符号，如果是标点符号，则输出变量 word 中的内容，否则就继续将字符串的内容连接入 word 中，这样 word 就获取到了标点符号前的句子，立即将其输出，并且重置 word 为空字符串，用于获取接下来的句子。

编写代码如下。

```
import jieba
s = input("请输入一段中文文本,句子之间以逗号或句号分隔:")
slist = jieba.lcut(s)
m = 0
for i in slist:
    if i in ",。":
        continue
    m += 1
    print(i, end="/")
print("\n中文词语数是:{}\n".format(m))
word = ''
for j in s:
    if j in ",。":
        print("{:^20}".format(word))
        word = ""
        continue
    word += j
```

5. 字符串替换并分词

已有一个字符串 dela＝'-；，. ()"<>'，包含需要去除的字符。获取用户输入的文本，去除字符串 dela 中的字符，用 jieba 精准分词后，统计并输出其中词语的个数。

示例如下。

输入：

请参考"论语-原文-输出示例.txt"文件

输出：

里面有 8 个词语。

分析：本题主要有两个考点。一是字符串替换，用 for 循环遍历用户输入的字符串，一旦某字符在 dela 中，则用 replace()替换为空字符；二是用 jieba 分词后统计词语的数量。

编写代码如下。

```python
import jieba
dela = '-;:,.()"<>'
s = input("请输入一句话:")
print("\n 这句话是:{}".format(s))
for i in dela:
    s = s.replace(i,'')
word = jieba.lcut(s)
print("替换之后是:{}".format(s))
print("里面有 {}个词语。".format(len(word)))
```

7.3 数据库操作

数据库是为了存储与处理大量数据而存在的，数据库的应用遍布在互联网的各个领域。Python 提供了多种库来操作数据库，如 sqlite3（用于 SQLite 数据库）、pymysql（用于 MySQL 数据库）、psycopg2（用于 PostgreSQL 数据库）等。

7.3.1 数据库简介

1. 数据模型

在数据库中，使用数据模型来描述数据之间的关系。现有的数据库系统均是基于某种数据模型的。常见的数据模型有三种：层次模型、网状模型和关系模型。

1）层次模型

层次模型使用树状结构来表示实体及实体间的联系。层次模型中，有且仅有一个结点无父结点，这个结点称为根结点；其他结点有且仅有一个父结点。

2）网状模型

网状模型使用网状结构来表示实体及实体间的联系。允许一个以上的结点无父结点，且允许结点可以有多于一个的父结点。

3) 关系模型

关系模型使用一组二维表来表示实体与实体之间的关系。关系模型把世界看作实体和联系构成的。联系就是实体之间的关系,可以分为三种:一对一,一对多,多对多。在关系模型中,表中的每列都是不可再细分的基本数据项;每列的名称不同,数据类型相同或兼容;行的顺序无关紧要;列的顺序无关紧要;关系中不能存在完全相同的两行。

关系模型是目前最常用的数据模型,本节的主要讲授对象是关系型数据库的操作。

关系模型有以下重要概念。

关系:一个关系对应一张二维表,每个关系有一个关系名。

记录:表中的一行称为一条记录,记录也被称为元组。

属性:表中的一列称为一个属性,属性也被称为字段。每一个属性都有一个名称,被称为属性名。

关键字:表中的某个属性集,它可以唯一确定一条记录。

主键:一个表中可能有多个关键字,但在实际的应用中只能选择一个,被选用的关键字称为主键。

值域:属性的取值范围。

对关系数据库进行查询时,往往需要对关系进行一定的关系运算。关系运算有两种:一种是传统的集合运算,如并、差、交、广义笛卡儿积等;另一种是专门的关系运算,如选择、投影、连接。选择是在关系中选择满足指定条件的元组。投影是在关系中选择某些属性。连接是从两个关系的笛卡儿积中选取属性间满足一定条件的元组。

2. SQL 语句

结构化查询语言 SQL 是操作关系数据库的工业标准语言。在 SQL 中,有以下 4 类语言。

(1) 数据查询语言 DQL:SELECT。

(2) 数据操纵语言 DML:INSERT、UPDATE、DELETE。

(3) 数据定义语言 DDL:CREATE、ALTER、DROP。

(4) 数据控制语言 DCL:GRANT、REVOKE。

这些语句是非常重要的,特别是在用如 Visual Basic、PowerBuilder 等工具开发数据库应用程序时,这些命令是操作数据库的重要途径。

1) 常用运算符和函数

运算符是表示实现某种运算的符号。运算符一般分为 4 类:算术运算符、关系运算符、字符串运算符和逻辑运算符。表 7-10 列出了最常用的运算符。其中,Like 通常与?、*、♯ 等通配符结合使用,主要用于模糊查询。其中,"?"表示任何单一字符,"*"表示零个或多个字符,"♯"表示任何一个数字(0~9)。

表 7-10　最常用的运算符

类　　型	运　算　符
算术运算符	+,−,*,/,^(乘方),\(整除),MOD(取余数)
关系运算符	<,<= ,<>,>,>= ,Between,Like

续表

类　　　型	运　算　符
逻辑运算符	Not,And,Or
字符串运算符	&.

SQL 语句中可以使用大量的函数。表 7-11 中列出了 SQL 语句中常用的函数。

表 7-11　常用内部函数和聚合函数

函数类型	函　数　名	说　　　明
内部函数	Date()	返回系统日期
	Year()	返回年份
聚合函数	AVG()	计算某一列的平均值
	COUNT(*)	统计记录的个数
	COUNT(列名)	统计某一列值的个数
	SUM(列名)	计算某一列的总和
	MAX(列名)	计算某一列的最大值
	MIN(列名)	计算某一列的最小值
	FIRST(列名)	分组查询时,选择同一组中第一条(或最后一条)记录在指定
	LAST(列名)	列上的值作为查询结果中相应记录在该列上的值

2) 数据库的常用操作语法

创建一个数据库:

CREATE DATABASE db_name

查看数据库:

show db_name

选择指定数据库:

use db_name

删除数据库:

drop database db_name

创建与删除数据表:

CREATE TABLE 表名

(列名称 1 数据类型,

列名称 2 数据类型,

列名称 3 数据类型,

…)

删除数据表:

drop table tablename

清空数据表:

delete from tablename

录入数据:

insert into 表名[(字段 1,字段 2,…,字段 n)] values(常量 1,常量 2,…,常量 n)

数据查询:

SELECT［ALL|DISTINCT］目标列 FROM 表(或查询)

［WHERE 条件表达式］

［GROUP BY 列名 1［HAVING 过滤表达式]]

［ORDER BY 列名 2［ASC|DESC]]

整个语句的功能是根据 WHERE 子句中的表达式,从 FROM 子句指定的表或查询中找出满足条件的记录,再按 SELECT 子句中的目标列显示数据。如果要修改目标列的显示名称,可以在列名后添加"AS 别名";如果要查询所有列的内容,则用"＊"表示。DISTINCT 表示去掉查询结果中的重复值。除此之外,目标列中的列名也可以是一个使用聚合函数的表达式。如果没有 GROUP BY 子句,则这些函数是对整个表进行统计,整个表只产生一条记录;否则是分组统计,一组产生一条记录。ORDER BY 子句用于指定查询结果的排列顺序。ASC 表示升序,DESC 表示降序,默认是升序。ORDER BY 可以指定多个列作为排序关键字。GROUP BY 子句用来对查询结果进行分组,即把在某一列上值相同的记录分在一组,一组产生一条记录。

若要对分组后的结果进行筛选,则可以使用 HAVING 子句。HAVING 子句与WHERE 子句都是用来设置筛选条件的,但是二者的区别在于,HAVING 子句是在分组统计之后进行过滤,而 WHERE 子句是在分组统计之前进行选择记录。

数据删除:

DELETE　FROM 表［WHERE 条件]

数据修改:

UPDATE 表 SET 字段 1＝表达式 1,字段 2＝表达式 2,…,字段 n＝表达式 n［WHERE 条件]

还有一些 SQL 语句,在一些特殊情况里需要使用,如要修改表的结构,使用 ALTERTABLE 语句;要授权用户,使用 GRANT 语句;要回收授权,使用 REVOKE 语句。

例 7-35:在 MySQL 中完成以下任务,检测数据库是否正常工作。

创建 xk 数据库,创建 student 数据表,包含字段名 sno(char 10),sname(char 10),age(int),录入一条学生信息,查询学生信息,修改某个学生的年龄,删除 xk 数据库。

```
create database xk;
use xk;
create table student(sno char(5) primary key, sname char(5), age int);
insert into student values("1005","张三",20);
select ＊ from student;
update student set age＝30 where sno＝"1005";
select ＊ from student;
drop database xk
```

7.3.2　pymysql 库

在 Python 中调用 MySQL 数据库,要求计算机上已安装好 MySQL 数据库。

pymysql 是在 Python 中操作数据库的一个第三方库。因此,除了掌握 SQL 语句外,还要掌握 pymysql 库的操作语法,才能操作 MySQL 数据库。安装 pymysql 库后输入以下代码导入库。

```
import   pymysql
```

在 Python 中执行 SQL 语句的步骤如下。

第 1 步,创建数据库的连接对象。

创建与数据库的连接对象,可以输入以下代码,即可获取与本机数据库的连接对象,如果服务器不在本机,需要将 host 设置为服务器的 IP 地址。代码如下。

```
mydb = pymysql.connect(host = "127.0.0.1", user = "wxn", password = "123456")
```

执行以下代码,可以测试与 MySQL 数据库是否连接成功。

```
import pymysql
try:
    mydb = pymysql.connect(
        host = "127.0.0.1", user = "wxn", password = "123456")
    print("wxndb 连接成功")
except Exception as err:
    print("wxndb 连接失败")
```

第 2 步,创建游标对象获取当前游标。

游标,从字面上来理解,是指流动的标志。使用游标功能,可以存储 SQL 语句的执行结果并提供一个游标接口给用户,在需要获取数据时,可以直接从游标中获取。

创建游标对象 mycursor,并获取当前数据库对象的游标,代码如下。

```
mycursor = mydb.cursor()
```

第 3 步,使用游标对象中的 execute()或 fetchall()等方法,来执行某个 SQL 语句或获取数据。

游标的方法常用的有 execute(SQL 语句)、fetchone()、fetchall()。

用 fetchone()可以获取一条数据,fetchall()获取所有数据,这两个函数主要是将获取到的数据赋值给变量时使用,便于之后的调用。

第 4 步,提交操作,在需要更新时用。

```
cursor.commit()
```

第 5 步,关闭连接,释放资源。

数据库操作结束后,断开数据库,释放资源,代码如下。

```
cursor.close()
```

例 7-36:创建 xk 数据库,创建 student 数据表,包含字段名 sno(char 10),sname(char 10),age (int),录入三条学生信息,查询学生信息,修改某个学生的年龄,删除 xk 数据库。

```
import pymysql
#(1)获取服务器连接
myconn = pymysql.connect(host = "127.0.0.1", user = "root", password = "123456")
#获取游标
mycursor = myconn.cursor()
#(2)创建数据库
sql1 = '''
create database xk'''
mycursor.execute(sql1)
#(3)获取数据库的连接对象
```

```
myconn = pymysql.connect(host = "127.0.0.1", user = "root", password = "123456", database = "xk")
mycursor = myconn.cursor()
# (4)创建数据表
sql = '''
create table student(sno varchar(5) primary key, sname varchar(5), age int)'''
mycursor.execute(sql)
# (5)插入数据
sqlin = '''
insert into student values("1001","张三",20),("1002","李四",25),("1003","王五",40)'''
mycursor.execute(sqlin)
myconn.commit()
# (6)查询数据
# 获取一条数据
sqlsel = '''
select * from student;'''
mycursor.execute(sqlsel)
result1 = mycursor.fetchone()
print(result1)
# 获取所有数据
sqlsel = '''
select * from student;'''
mycursor.execute(sqlsel)
data = mycursor.fetchall()
print(data)
# (7)更新数据库
sqlup = "update student set age = 22 where sno = 1001;"
mycursor.execute(sqlup)
myconn.commit()
# (8)删除数据库
sqldel = "drop database xk;"
mycursor.execute(sqldel)
myconn.commit()
# (9)关闭连接
myconn.close()
```

7.4　数据分析

　　Python 在数据分析中的应用较为广泛,是一种非常适合数据分析的编程语言,它拥有许多强大的库和工具,如 numpy、pandas、matplotlib、seaborn、scipy 等。其中最常用的库是 numpy 和 pandas。

7.4.1　numpy 库

　　numpy 库是一个开源的 Python 科学计算基础库。它拥有强大的 N 维数组对象 ndarray,支持大量高维度数组与矩阵运算,提供了全面的数学函数、随机数生成器、线性代数例程、傅里叶变换等计算功能。安装 numpy 库后,常用以下别名导入库。

　　import numpy as np

1．创建数组

创建数组的格式是 np. array(object, [dtype, copy, order, subok, ndmin])，其各参数说明如表 7-12 所示。

表 7-12　array 的参数及功能

参 数 名 称	描　　　述
object	数组或嵌套的数列
dtype	数组元素的数据类型，可选参数
copy	对象是否需要复制，可选参数
order	创建数组的方式，C 为行，F 为列，A 为任意方向，默认为 A
subok	默认返回一个与基类类型一致的数组，可选参数
ndmin	指定生成数组的最小维度，可选参数

例 7-37：已有列表 list1＝[1,2,3]，将列表创建为一维数组。

```
import numpy as np
list1 = [1,2,3]
print(np.array(list1))
```

可以创建出一个一维数组，秩为 1，轴为 3。

执行结果：

```
[1  2  3]
```

例 7-38：已有列表 list2＝[(1，2，3)，(4，5，6)]，将列表创建为二维数组。

```
import numpy as np
list2 = [(1, 2, 3), (4, 5, 6)]
print(np.array(list2))
```

可以创建出一个 2 行 3 列的二维数组。

执行结果：

```
[[1  2  3]
 [4  5  6]]
```

例 7-39：创建一个 3 行 4 列的全为 0 的二维数组。

```
import numpy as np
print(np.zeros((3, 4)))
```

执行结果：

```
[[0.  0.  0.  0.]
 [0.  0.  0.  0.]
 [0.  0.  0.  0.]]
```

例 7-40：创建两个 3 行 4 列的全为 1 的三维数组。

```
import numpy as np
print(np.ones((2, 3, 4)))
```

执行结果：

```
[[[1.  1.  1.  1.]
```

```
 [1.  1.  1.  1.]
 [1.  1.  1.  1.]]
 [[1.  1.  1.  1.]
 [1.  1.  1.  1.]
 [1.  1.  1.  1.]]]
```

例 7-41：创建一个 3 行 4 列的全是 5 的二维数组。

```
import numpy as np
print(np.full((3, 4), 5))
```

执行结果：

```
[[5  5  5  5]
 [5  5  5  5]
 [5  5  5  5]]
```

例 7-42：创建一个 0～4 的一维数组。

```
import numpy as np
print(np.arange(5))
```

执行结果：

```
[0  1  2  3  4]
```

例 7-43：创建一个 10(包含)～100(不包含)的差为 2 的等差数组。

```
import numpy as np
print(np.arange(10,100,2))
```

执行结果：

```
[10 12 14 16 18 20 22 24 26 28 30 32 34 36 38 40 42 44 46 48 50 52 54 56 58 60 62 64 66 68 70 72 74
76 78 80 82 84 86 88 90 92 94 96 98]
```

例 7-44：创建一个以 2 行 3 列排列显示的数字为 0～5 的二维数组。

```
import numpy as np
print(np.arange(6).reshape(2, 3))
```

执行结果：

```
[[0  1  2]
 [3  4  5]]
```

2. 数组的常用属性

数组的常用属性有形状(shape)、维度(ndim)、元素个数(size)、数据类型(dtype)，如表 7-13 所示。

表 7-13   数组的常用属性

属　　性	含　　义	属　　性	含　　义
array.shape	查看数组的形状	array.dtype	查看数组元素的数据类型
array.ndim	查看数组的维度	array.astype(type)	转换数据类型
array.size	查看数组中的元素总数		

例 7-45：已有列表 list1＝[10,25,35,40,50]，请将此列表转换为数组，并分别输出其形状、数据类型、元素个数和维度。

```
import numpy as np
list1 = [10,25,35,40,50]
arr1 = np.array(list1)
print(arr1.shape)                ♯数组的形状
print(arr1.dtype)                ♯数组的数据类型
print(arr1.size)                 ♯数组中元素的个数
print(arr1.ndim)                 ♯数组的维度
```

执行结果：

```
(5,)
int32
5
1
```

例 7-46：已有列表 list2＝[[10,25],[35,40],[20,50]]。请将此列表转换为数组,并分别输出其形状、数据类型、元素个数和维度。

```
import numpy as np
list2 = [[10,25],[35,40],[20,50]]
arr1 = np.array(list2 ,dtype = float)
print(arr1.shape)                ♯数组的形状
print(arr1.dtype)                ♯数组的数据类型
print(arr1.size)                 ♯数组中元素的个数
print(arr1.ndim)                 ♯数组的维度
```

执行结果：

```
(3, 2)
float64
6
2
```

例 7-47：已有列表 list3＝[10,25,35,40,50],类型为 float 型。请将此列表转换为数组,并查看数据类型。

```
import numpy as np
list3 = [10,25,35,40,50]
arr1 = np.array(list3,dtype = float)
arr1 = arr1.astype(int)
print(arr1.dtype)
```

执行结果：

```
int32
```

3. 数组计算

数组常用的函数如表 7-14 所示。

表 7-14　数组常用的函数

函　数　名	含　　义	函　数　名	含　　义
np. sum(array,[axis])	求和	np. sqrt(array)	开方
np. prod(array)	所有元素相乘	np. min(array)	最小值
np. mean(array)	平均值	np. max(array)	最大值

函　数　名	含　义	函　数　名	含　义
np. std(array)	标准差	np. argmin(array)	最小数的下标
np. var(array)	方差	np. argmax(array)	最大数的下标
np. median(array)	中数	np. inf(array)	无穷大
np. power(array)	幂运算	np. tile(array)	将数据拼接
np. sort(array)	排序	np. unique(array)	数据去重
np. hstack(array1,array2)	垂直拼接	np. vstack(array1,array2)	水平拼接

例 7-48：求数组[10，25，35，40，50]的所有元素之和。

```
import numpy as np
arr1 = np.array([10, 25, 35, 40, 50])
print(np.sum(arr1))
```

执行结果：

```
160
```

例 7-49：分别求数组[[10,25],[35,40]]的水平方向和垂直方向的和。

```
import numpy as np
arr2 = np.array([[10,25],[35,40]])
# 水平方向求和
print(np.sum(arr2,axis = 0))
# 垂直方向求和
print(np.sum(arr2,axis = 1))
```

执行结果：

```
[45  65]
[35  75]
```

例 7-50：求数组[[10,25],[35,40]]的水平方向的平均值。

```
arr2 = np.array([[10,25],[35,40]])
print(np.mean(arr2,axis = 0))
```

执行结果：

```
[22.5  32.5]
```

例 7-51：将数组[[10,25],[35,40],[20,50]]按横向一份、纵向两份的方式拼接。

```
import numpy as np
arr2 = np.array([[10,25],[35,40],[20,50]])
# 查看数组
print(arr2)
# 查看拼接
print(np.tile(arr2,(1,2)))
```

执行结果：

```
[[10  25]
 [35  40]
 [20  50]]
[[10  25  10  25]
 [35  40  35  40]
```

```
 [20  50  20  50]]
```

例 7-52：将数组[[10,25],[35,40],[20,50]]转置，由原来的 3 行 2 列变为 2 行 3 列。

```
import numpy as np
arr2 = np.array([[10,25],[35,40],[20,50]])
print(arr2.T)
```

执行结果：

```
[[10  35  20]
 [25  40  50]]
```

例 7-53：将数组[[10,25],[35,40],[20,50]]按水平方向排序。

```
arr2 = np.array([[10,25],[35,40],[20,50]])
print(arr2)
print(np.sort(arr2,axis = 0))
```

执行结果如下。其中，前 3 行为原始数据，后 3 行为排序后的数据。

```
[[10  25]
 [35  40]
 [20  50]]
[[10  25]
 [20  40]
 [35  50]]
```

例 7-54：去除数组[10,25,35,25,50]中重复的数据。

```
import numpy as np
arr1 = np.array([10,25,35,25,50])
arr0 = np.unique(arr1)
print(arr0)
```

执行以上代码，结果如下，在新的数组 arr0 中，去掉了重复的值 25。

```
[10  25  35  50]
```

例 7-55：将数组[10,25,35,40,50]与[3,7,9,11,19]对应的元素相加。

```
import numpy as np
arr1 = np.array([10,25,35,40,50])
arr2 = np.array([3,7,9,11,19])
print(arr1 + arr2)
```

按位置对照相加，执行结果：

```
[13  32  44  51  69]
```

二维数组与之类似。

```
arr2 = np.array([[10,25],[35,40],[20,50]])
arr4 = np.array([[2,3],[4,5],[2,6]])
print(arr2/arr4)
```

以上代码表示，用 arr2 除以 arr4，将对应位置的数字相除，执行结果：

```
[[ 5.          8.33333333]
 [ 8.75        8.         ]
 [10.          8.33333333]]
```

例 7-56：将数组[[10,25],[35,40],[20,50]]和[["a","b"],["c","d"],["e","f"]]进行水平拼接。

```python
import numpy as np
arr1 = np.array([[10,25],[35,40],[20,50]])
arr2 = np.array([["a","b"],["c","d"],["e","f"]])
arr3 = np.vstack([arr1,arr2])
print(arr3)
```

以上代码将 arr1 和 arr2 进行水平拼接后赋值给 arr3,执行结果：

```
[['10''25']
 ['35' '40']
 ['20' '50']
 ['a' 'b']
 ['c' 'd']
 ['e' 'f']]
```

例 7-57：将数组[[10,25],[35,40],[20,50]]和[["a","b"],["c","d"],["e","f"]]进行垂直拼接。

```python
import numpy as np
arr1 = np.array([[10,25],[35,40],[20,50]])
arr2 = np.array([["a","b"],["c","d"],["e","f"]])
arr3 = np.hstack([arr1,arr2])
print(arr3)
```

执行以上代码,将 arr1 和 arr2 进行垂直拼接后赋值给 arr3,执行结果：

```
[['10' '25' 'a' 'b']
 ['35' '40' 'c' 'd']
 ['20' '50' 'e' 'f']]
```

4. 索引与切片

数组的索引与切片,同列表操作类似。以下通过一些示例来演示数组的索引与切片功能。

例 7-58：获取[10,25,35,40,50]中索引号为 3 的值。

```python
import numpy as np
arr1 = np.array([10,25,35,40,50])
print(arr1[3])
```

执行结果：

```
40
```

例 7-59：获取[[10,25],[35,40],[20,50]]中索引号为(2,1)的值。

```python
import numpy as np
arr2 = np.array([[10,25],[35,40],[20,50]])
print(arr2[2,1])
```

表示获取第 2 行第 1 列的值,行和列均从 0 编号。

执行结果：

```
50
```

例 7-60：输出[10,25,35,40,50]从索引位置 0 开始到 2 的值。

```
import numpy as np
arr1 = np.array([10,25,35,40,50])
print(arr1[:3])
```

注意索引规则是前包后不包,执行结果:

```
[10   25   35]
```

例 7-61：分别输出行索引为 1～2、列索引为－2 的所有值。

```
import numpy as np
arr2 = np.array([[10,25],[35,40],[20,50]])
print(arr2[1:3, -2])
```

执行结果:

```
[35   20]
```

例 7-62：输出数组[[10,25],[35,40],[20,50]]中满足元素大于 30 的值。

```
import numpy as np
arr2 = np.array([[10,25],[35,40],[20,50]])
print(arr2[arr2 > 30])
```

执行以上代码,结果如下。

```
[35   40   50]
```

例 7-63：对数组[[10,25],[35,40],[20,50]]按 2 行、1 行、2 行的顺序输出。
本题需要使用数组的花式索引,即利用指定顺序的整数列表进行索引。

```
import numpy as np
arr2 = np.array([[10,25],[35,40],[20,50]])
rint(arr2[[2,1,2]])
```

执行结果:

```
[[20   50]
 [35   40]
 [20   50]]
```

例 7-64：读取数组[[89,84,93,78,85],[82,78,75,98,86],[48,53,72,70,50],[76, 81,86,68,91],[84,84,89,73,87],[96,90,87,84,94],[91,87,86,87,84],[85,89,96,74, 83],[75,38,55,76,51],[83,81,81,79,75],[89,90,79,92,87],[78,92,78,78,79]]中的数据,其中每列的数据分别为语文、数学、英语、计算机、体育的成绩。查看此表中数据的形状、元素个数、英语成绩的平均值、英语成绩的最大值、英语成绩的标准差。

视频讲解

```
import numpy as np
scorelist = [[89,84,93,78,85],
[82,78,75,98,86],
[48,53,72,70,50],
[76,81,86,68,91],
[84,84,89,73,87],
[96,90,87,84,94],
[91,87,86,87,84],
[85,89,96,74,83],
```

```
        [75,38,55,76,51],
        [83,81,81,79,75],
        [89,90,79,92,87],
        [78,92,78,78,79]]
# 将列表赋值给数组
score = np.array(scorelist)
# print(score)
# 输出 ndrray 对象的形状
print(score.shape)
# 输出 ndrray 对象的元素个数
print(score.size)
# 计算英语平均值
print(np.mean(score[:,2]))
# 计算英语的最大值
print(np.max(score[:,2]))
# 计算英语的标准差
print(np.std(score[:,2]))
```

执行结果：

```
(12, 5)
60
81.41666666666667
96
10.499669306961794
```

7.4.2　pandas 库

pandas 是 Python 数据处理最核心的一个第三方库，它基于数组形式提供了丰富的数据操作，可以对各种数据进行运算和处理，广泛应用在学术、金融、统计学等数据分析领域。其安装与导入方式与前文提到的其他第三方库类似，此处不再赘述。

要使用 pandas 库，需要首先安装 openpyxl 库。

1. Pandas 数据类型

Pandas 数组结构有一维 Series 类型和二维 DataFrame 类型。

1) Series

Series 是一种一维数据结构，可以存储任何数据类型（如整数、字符串、浮点数、Python 对象等），每个 Series 对象都有一个索引（Index），用于标记数据点的位置或时间信息。Series 的基本语法：

```
pandas.Series(data, index = None, dtype = None, name = None, copy = False, fastpath = False)
```

参数说明：

data：数据，可以是列表、字典、标量值等。

index：数据索引标签，如果不指定，会使用默认整数索引（0,1,2,…）。

dtype：数据类型，如果未指定，将会自动推断。

name：Series 的名称。

copy：是否复制数据，默认为 False。

fastpath：用于内部优化的参数，通常不需要用户设置。

例 7-65：用列表[2,3,4,4,5]创建一个 Series 数据序列。

```
import pandas as pd
seri1 = pd.Series([2,3,4,4,5],index = ["专家 1","专家 2","专家 3","专家 4","专家 5"],name =
"评分")
```

print(seri1)执行结果：

```
专家 1      2
专家 2      3
专家 3      4
专家 4      4
专家 5      5
Name: 评分, dtype: int64
```

Pandas 与列表的不同之处在于增加了 index 索引，并且可以通过 name 参数为数据列命名。

例 7-66：用字典{"专家 1":2,"专家 2":3,"专家 3":4,"专家 4":4,"专家 5":5}创建一个 Series 数据序列。

```
import pandas as pd
seri2 = pd.Series({"专家 1":2,"专家 2":3,"专家 3":4,"专家 4":4,"专家 5":5},name = "评分")
    print(seri2)
```

执行结果：

```
专家 1      2
专家 2      3
专家 3      4
专家 4      4
专家 5      5
Name: 评分, dtype: int64
```

例 7-67：用 ndarray[2,3,4,4,5]创建一个 Series 数据序列。

```
import pandas as pd
import numpy as np
seri3 = pd.Series(np.array([2,3,4,4,5]),index = ["专家 1","专家 2","专家 3","专家 4","专家 5"])
print(seri3)
```

执行结果：

```
专家 1      2
专家 2      3
专家 3      4
专家 4      4
专家 5      5
dtype: int32
```

对 Series 的索引和切片，与字典和列表的操作类似。

例 7-68：读取 ndarray[2,3,4,4,5]中大于 3 的专家评分，然后读取专家 4 的评分，并将其评分修改为 10。

```
import pandas as pd
import numpy as np
```

```
seri3 = pd.Series(np.array([2,3,4,4,5]),index = ["专家1","专家2","专家3","专家4","专家5"])
print(seri3[seri3 > 3])
print(seri3['专家4'])
seri3['专家4'] = 10
print(seri3)
```

执行结果：

```
专家3     4
专家4     4
专家5     5
dtype: int32
4
专家1     2
专家2     3
专家3     4
专家4     10
专家5     5
dtype: int32
```

2) DataFrame

DataFrame 是一个二维结构，除了拥有 index 和 value 之外，还拥有 column。它类似于一张 Excel 表格，由多行多列构成。DataFrame 由多个 Series 对象组成，无论是行还是列，单独拆分出来都是一个 Series 对象。

使用 pandas 库中的函数可以从文件中读取数据创建 DataFrame，如 read_csv()、read_excel()等。也可以通过手动创建，例如，通过字典或列表等数据结构。

例 7-69：使用列表[[2,3,4,4,5],[2,3,4,4,5]]创建一个 DataFrame 数据框，其中，行数据索引分别是"A 用户"和"B 用户"，列数据索引是"科目 1""科目 2""科目 3""科目 4""科目 5"。

```
import pandas as pd
import pandas as pd
df1 = pd.DataFrame([[2,3,4,4,5],[2,3,4,4,5]],index = ["A用户","B用户"],columns = ["科目
1","科目2","科目3","科目4","科目5"])
print(df1)
```

执行结果：

	科目 1	科目 2	科目 3	科目 4	科目 5
A 用户	2	3	4	4	5
B 用户	2	3	4	4	5

例 7-70：使用字典{"科目 1":[2,2],"科目 2":[3,3],"科目 3":[4,4],"科目 4":[4,4],"科目 5":[5,5]}创建一个 DataFrame 数据框，其中，行数据索引分别是"A 用户"和"B 用户"。

```
import pandas as pd
df1 = pd.DataFrame({"科目1":[2,2],"科目2":[3,3],"科目3":[4,4],"科目4":[4,4],"科目5":
[5,5]},index = ["A用户","B用户"])
print(df1)
```

可以输出与例 7-69 同样的效果。

例 7-71：从"学生成绩表.xlsx"中读取数据并输出。

```
import pandas as pd
df1 = pd.read_excel("学生成绩表.xlsx")
print(df1)
```

执行结果：

	序号	学号	姓名	语文	数学	计算机	英语	体育
0	1	201704010001	李文华	89	84	93	78	85
1	2	201704010002	王文辉	82	78	75	98	86
2	3	201704010003	孙翠翠	48	53	72	70	50
3	4	201704010004	张在旭	76	81	86	68	91
4	5	201704010005	舒畅	84	84	89	73	87
5	6	201704010006	郝心怡	96	90	87	84	94
6	7	201704010007	杨帆	91	87	86	87	84
7	8	201704010008	黄晓芳	85	89	96	74	83
8	9	201704010009	张磊	75	38	55	76	51
9	10	201704010010	王春晓	83	81	81	79	75
10	11	201704010011	陈松	89	90	79	92	87
11	12	201704010012	姚玲	78	92	78	78	79
12	13	201704010013	张雨涵	81	95	83	77	90
13	14	201704010014	钱民	95	96	87	85	92
14	15	201704010015	王力	87	86	79	93	89
15	16	201704010016	高晓蔓	93	82	77	80	86
16	17	201704010017	张平	91	71	86	81	88

DataFrame 的属性有 shape(形状)、index(行索引)、columns(列索引)、values(值)、T (转置)、head(n)(前 n 行，默认为 5)和 tail(n)(后 n 行，默认为 5)。

例 7-72：读取"学生成绩表.xlsx"中的数据，查看数据框的形状、大小。

```
import pandas as pd
df1 = pd.read_excel("学生成绩表.xlsx")
print(df1.shape)
print(df1.size)
```

执行结果：

```
(17, 8)
136
```

2. Pandas 数据统计分析

Pandas 数据统计分析功能，主要包括对数据的描述性分析、聚合分析、分组统计、数据透视表等方面。DataFrame 主要包含以下操作。

1) 查看 DataFrame

使用 head()查看前几行数据。

使用 tail()查看最后几行数据。

使用 info()查看 DataFrame 的概览信息。

使用 describe()查看数据的统计摘要。

2) 选择数据

使用 loc[]通过标签选择数据。例如，df.loc[2：4]表示第 2～4 行的所有数据。

使用 iloc[]通过位置选择数据。例如，df.iloc[[2,3,5],[1,3]]表示获取行号为 2、3、

5 的对应的列号为 1、3 的所有元素。

使用 at[]和 iat[]选择单个数据,其中,at[]通过标签选择,iat[]通过位置选择。

3) 修改数据

直接通过赋值语句修改 DataFrame 中的数据。

使用 replace()方法替换指定值。

4) 分组操作

使用 groupby()方法对数据进行分组,可以进行聚合、转换、筛选等操作。

5) 排序操作

使用 sort_values()方法按照一列或多列进行排序,可以指定升序或降序。

6) 合并操作

使用 merge()方法将两个 DataFrame 按照指定的列进行合并。

使用 concat()方法将多个 DataFrame 连接在一起。

7) 删除操作

使用 drop()方法删除 DataFrame 中的行、列或元素。

8) 缺失值处理

使用 fillna()方法对缺失值进行填充。

使用 dropna()方法删除包含缺失值的行或列。

9) 统计计算

使用 sum()、mean()、median()、max()、min()、pivot_table()等方法进行统计计算。

例 7-73:打开"计算机成绩表.xlsx",查看每列的描述性分析。

输入以下代码。

```
import pandas as pd
import pandas as pd
df1 = pd.read_excel("计算机成绩表.xlsx",usecols = [1,2,3])
print(df1.describe())
```

执行结果:

	平时成绩	期末成绩	总评
count	42.000000	42.000000	42.000000
mean	91.761905	64.452381	78.333333
std	5.069322	19.684341	10.774103
min	70.000000	30.000000	60.000000
25 %	90.000000	50.000000	70.000000
50 %	93.000000	60.500000	77.500000
75 %	95.000000	85.000000	89.000000
max	96.000000	100.000000	98.000000

例 7-74:打开"计算机成绩表.xlsx",查看总评列的最大值、最小值、平均值。

```
import pandas as pd
df1 = pd.read_excel("计算机成绩表.xlsx",usecols = [1,2,3])
print(f"总评最大值为:{df1['总评'].max()}")
print(f"总评最小值为:{df1['总评'].min()}")
print(f"总评平均值为:{df1['总评'].mean():.2f}")
print(f"总评数量有:{df1['总评'].count()}个")
```

执行结果：

```
总评最大值为：98
总评最小值为：60
总评平均值为：78.33
总评数量有：42 个
```

例 7-75：打开"家电销售情况.xlsx"，查看不同类别的总销售额、总数量、平均值。

提示：分组常用 groupby(列名)，分组后聚合计算使用 agg(计算方法)方法。

```
import pandas as pd
df1 = pd.read_excel("家电销售情况.xlsx",usecols = [1,8])
# 根据家电类别分组求和
print(df1.groupby("类别").agg({'销售额': ["sum","count","mean"]}))
```

执行结果：

	sum	count	mean
	销售额	销售额	销售额
销售员			
A1	117360	8	14670.000000
A2	35760	7	5108.571429
A3	94932	8	11866.500000
A4	33496	7	4785.142857
A5	179872	7	25696.000000
A6	80652	8	10081.500000
A7	110556	6	18426.000000
A8	101080	6	16846.666667

例 7-76：打开"家电销售情况.xlsx"，查看各销售员的总销售额、销售额数量、销售额平均值。

```
import pandas as pd
df1 = pd.read_excel("家电销售情况.xlsx")
print(pd.pivot_table(df1, index = "销售员", values = "销售额", columns = None, aggfunc =
["sum","count","mean"]))
```

执行结果前 5 行如下。

	评分
IP 属地	
上海	4.838710
云南	4.714286
内蒙古	5.000000
加拿大	5.000000
北京	4.971429

例 7-77：打开"酒店信息表.xlsx"，完成以下操作。

（1）查看文件中的空值，删除文件中所有的空值所在行，并写入文件"酒店信息 1.xlsx"。

（2）将文件中的空值填充为 0，并写入文件"酒店信息 2.xlsx"。

提示：查看缺失值使用 isna()来判断，用前一项填充缺失值用 fillna(methord='ffill')，将 method 改为'backfill'，即用后一项填充缺失值，也可用任意数字填充缺失值。

视频讲解

```
# 问题(1)删除文件中所有的空值所在行，并写入文件
```

```
#读取文件中的数据
import pandas as pd
df1 = pd. read_excel("酒店信息表.xlsx",index_col = 0)
#查看酒店信息条数
print(df1.count())
#查看各列的缺失值,axis = 0 表示列方向
print(df1.isna().sum(axis = 0))
#删除缺失值所在的行并保存到新的变量中
df2 = df1.dropna()
#查看新数据框对象的描述性分析
print(df2.count())
#把处理后的数据写入文件
df2.to_excel("酒店信息 1.xlsx")
#问题(2)将文件中的空值填充为 0,并写入文件
import pandas as pd
df1 = pd. read_excel("酒店信息表.xlsx",index_col = 0)
print(df1.count())
print(df1)
#用 0 填充缺失值
df3 = df1.fillna(0)
#查看新数据框对象的描述性分析
print(df3.count())
#把处理后的数据写入文件
df3.to_excel("酒店信息 2.xlsx")
```

问题（1）的执行结果：

```
酒店信息条数:
酒店名称      6000
点评数       4324
评分        6000
价格        6000
位置        6000
空值数量:
酒店名称         0
点评数       1676
评分           0
价格           0
位置           0
删除空值行后的新文件描述性分析:
酒店名称      4324
点评数       4324
评分        4324
价格        4324
位置        4324
```

问题（2）的执行结果：

```
处理前的酒店信息条数有:
酒店名称      6000
点评数       4324
评分        6000
价格        6000
位置        6000
处理后的酒店信息条数有:
酒店名称      6000
```

点评数	6000	
评分	6000	
价格	6000	
位置	6000	

例 7-78：打开"酒店信息表.xlsx"，删除"评分"和"位置"列，并删除最后一行。

提示：删除数据可以按列名删除指定列，也可以按列序号删除指定列。行号也同理。

视频讲解

```
import pandas as pd
df1 = pd.read_excel("酒店信息表.xlsx", index_col = 0)
print(df1)
# 按列名删除指定列
df2 = df1.drop(["评分", "位置"], axis = 1)
print(df2)
# 按行号删除行，并保存到新的数据框对象
df3 = df2.drop(5999)
# 查看新数据
print(df3)
```

执行结果：

（1）原始数据。

	酒店名称	点评数	评分	价格	位置
0	全季酒店(重庆观音桥步行街店)	共 1489 条评论	4.8	455	近观音桥步行街·观音桥
1	与暮·千寻江景民宿(重庆解放碑洪崖洞店)	共 4173 条评论	4.9	417	近解放碑步行街·解放碑
2	丽朵酒店(重庆沙坪坝高铁站店)	共 3671 条评论	4.8	157	近沙坪坝地铁站·沙坪坝
3	重庆 ART·高空全江景公寓	共 3740 条评论	4.7	1967	近解放碑步行街·解放碑
4	M 酒店(重庆观音桥步行街店)	共 2122 条评论	4.8	282	近观音桥步行街·观音桥
...	...	...	...	...	...
5995	腾城商务宾馆	NaN	4.2	87	近飞洋·世纪城·奉节白帝城
5996	云阳聚龙阁酒店	NaN	4.5	91	近龙缸景区·龙缸度假区
5997	黄水杜氏商务酒店	NaN	4.1	190	近黄水镇·黄水国家森林公园
5998	云阳华懋大酒店	NaN	4.3	217	近云阳县人民政府·云阳旅游度假区
5999	秀山惠榆宾馆	NaN	4.7	101	近秀山站·秀山火车站

[6000 rows x 5 columns]

（2）删除列后的数据。

	酒店名称	点评数	价格
0	全季酒店(重庆观音桥步行街店)	共 1489 条评论	455
1	与暮·千寻江景民宿(重庆解放碑洪崖洞店)	共 4173 条评论	417
2	丽朵酒店(重庆沙坪坝高铁站店)	共 3671 条评论	157
3	重庆 ART·高空全江景公寓	共 3740 条评论	1967
4	M 酒店(重庆观音桥步行街店)	共 2122 条评论	282
...	...	...	...
5995	腾城商务宾馆	NaN	87
5996	云阳聚龙阁酒店	NaN	91
5997	黄水杜氏商务酒店	NaN	190
5998	云阳华懋大酒店	NaN	217
5999	秀山惠榆宾馆	NaN	101

[6000 rows x 3 columns]

(3) 删除行后的数据。

	酒店名称	点评数	价格
0	全季酒店(重庆观音桥步行街店)	共 1489 条评论	455
1	与暮·千寻江景民宿(重庆解放碑洪崖洞店)	共 4173 条评论	417
2	丽朵酒店(重庆沙坪坝高铁站店)	共 3671 条评论	157
3	重庆 ART·高空全江景公寓	共 3740 条评论	1967
4	M 酒店(重庆观音桥步行街店)	共 2122 条评论	282
...	...	...	...
5994	龙潭古镇蜂巢宾馆	NaN	76
5995	腾城商务宾馆	NaN	87
5996	云阳聚龙阁酒店	NaN	91
5997	黄水杜氏商务酒店	NaN	190
5998	云阳华懋大酒店	NaN	217

[5999 rows x 3 columns]

例 7-79：读取"酒店信息.xlsx"中的数据,将数据按价格降序排序。

提示：使用 sort_values()方法,ascending 的值默认为 True,即升序。要降序排序,需将 True 改为 False。

```
import pandas as pd
df1 = pd.read_excel("酒店信息.xlsx")
print(df1.sort_values("价格",ascending = False))
```

执行结果：

Unnamed: 0		酒店名称	点评数	评分	价格	位置
4847	4847	迤山梯摩洛哥民宿(中兴路分店)	共 6 条评论	4.2	8080	近解放碑步行街·解放碑
677	677	重庆丽笙世嘉酒店	共 2985 条评论	4.8	6859	近长江国际·南滨路
4353	4353	重庆深居·周游民宿	共 80 条评论	4.9	6214	近两江国际影视城(民国街)·龙兴度假区
1797	1797	重庆柏联酒店	共 353 条评论	4.7	4733	近重庆柏联温泉·西南大学缙云校区
1606	1606	重庆金佛山良瑜国际度假酒店	共 1449 条评论	4.5	4388	金佛山景区内
...	...	...	...	...	...	...
2650	2650	重庆悠居青年公寓	共 7 条评论	4.7	14	近观音桥步行街·观音桥
5167	5167	新旺角青年公寓	NaN 共 2 条评论		14	近观音桥步行街·观音桥
1157	1157	木子青年公寓	共 141 条评论	4.5	14	近观音桥步行街·观音桥
3840	3840	重庆鹏飞青年公寓	共 62 条评论	4.7	13	近石桥铺地铁站·石桥铺/陈家坪
4989	4989	重庆福福青年公寓	共 14 条评论	4.4	11	近石桥铺地铁站·石桥铺/陈家坪

例 7-80：已有文件"学生成绩表.xlsx"和"学生成绩表 2 班.xlsx",要求将两个表中的数据连接,并查看结果。

提示：使用 pd.concat()或 pd.merge()函数可以将多个 pandas 对象进行连接。

```
import pandas as pd
#截取"学生成绩表.xlsx"中的所有数据
df1 = pd.read_excel("学生成绩表.xlsx")
print(df1)
#读取"学生成绩表 2 班.xlsx"中的所有数据
df2 = pd.read_excel("学生成绩表 2 班.xlsx")
print(df2)
```

```
#将 df1 和 df2 连接为一个表
df3 = pd.concat([df1,df2])
print(df3)
```

执行结果：

	学号	姓名	语文	数学	计算机	英语	体育
0	201704010001	李文华	89	84	93	78	85
1	201704010002	王文辉	82	78	75	98	86
…	…	…	…	…	…	…	…
16	201704010017	张平	91	71	86	81	88
17	201704010018	张三	50	16	25	4	84
18	201704010119	李四	83	8	79	59	54
19	201704010220	王九	40	44	47	65	55
20	201704010321	张在	69	42	65	21	2
21	201704010422	李心	83	98	9	31	81
22	201704010523	郝二	81	50	99	53	45
23	201704010624	高峰	78	98	69	94	56
24	201704010725	王晓	57	63	95	25	73
25	201704010826	李六	45	43	12	7	99
26	201704010927	王五	52	69	78	55	96
27	201704011028	张九	76	57	50	56	99
28	201704011129	姚七	19	44	10	36	74
29	201704011230	张八	77	21	67	80	68
30	201704011331	钱二	69	5	43	40	43
31	201704011432	吕二	56	57	63	20	9
32	201704011533	黄三	6	95	20	99	44
33	201704011634	赵二	8	54	62	8	86

可以看出，两个表的数据拼接成一个表，共有 34 行数据。

7.5　数据可视化

数据可视化是一种将大量数据转换为视觉形式的过程，通过图形、图表、图像、动画等视觉元素来呈现数据。这种呈现方式使得用户可以更容易地理解和分析数据，发现数据中的模式、趋势和关联性，从而做出更有效的决策。

数据可视化可以应用于多个领域，如商业智能、大数据分析、科学研究等。在商业领域，数据可视化可以帮助企业更好地理解市场趋势、客户行为、销售数据等，从而制定更有效的商业策略。在科学研究中，数据可视化可以帮助研究人员更好地理解实验结果，发现新的科学规律，并推动科学研究的进展。

常见的数据可视化工具包括 matplotlib、seaborn、plotly 等 Python 库，以及 Tableau、Power BI 等商业软件。这些工具提供了丰富的可视化选项和交互功能，使得数据可视化变得更加容易和直观。

7.5.1　matplotlib 模块

1. matplotlib 简介

matplotlib 是 Python 中应用广泛的数据可视化工具。使用 matplotlib 库，编写代码即可生成折线图、柱形图、条形图、散点图等。可视化效果如图 7-16 所示。

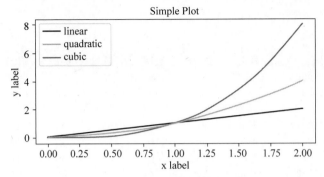

图 7-16   **matplotlib 数据可视化界面**

matplotlib 库中应用最广泛的是 pyplot 模块，它是使 matplotlib 像 MATLAB 一样工作的函数集合，本节主要介绍 pyplot 的应用。安装库的方法是在命令行输入以下指令。

```
pip install matplotlib
```

安装成功后，要导入 matplotlib 库的 pyplot 模块，输入以下指令，并将其简写为 plt。

```
import matplotlib.pyplot as plt
```

2. 绘图

matplotlib 的图表主要包含画板 figure、标题 title、坐标轴 axis、图例 legend、网格 grid 和点 markers 这几大元素。坐标轴中横轴叫作 x 轴 xlabel，纵轴叫作 y 轴 ylabel。各元素的介绍如图 7-17 所示。

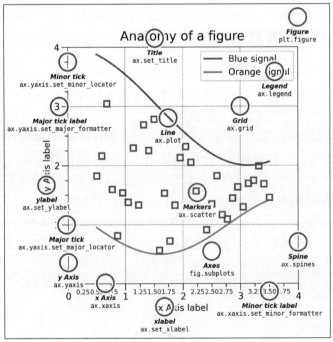

图 7-17   绘图元素

plt 绘制图形和调整图表元素的常用函数如表 7-15 所示。

表 7-15　plt 的常用函数

函　　　数	功　　能	函　　　数	功　　能
plt. plot(x,y,label,color,width)	绘制直线、曲线	plt. legend()	显示图例
plt. boxplot(data,notch,position)	绘制箱形图	plt. show()	显示绘制的图像
plt. bar(left,height,width,bottom)	绘制柱形图	plt. savefig()	设置图像保存的格式
plt. barh(bottom,width,height,left)	绘制条形图	ltxlim()	设置 X 轴的取值范围
plt. polar(theta,r)	绘制极坐标图	ltylim()	设置 Y 轴的取值范围
plt. pie(data,explode)	绘制饼图	plt. text()	添加注释
plt. psd(x,NFFT=256,pad_to,Fs)	绘制功率谱密度图	plt. title()	设置标题
plt. specgram(x,NFFT=256,pad_to,F)	绘制谱图	plt. xlabel()	设置当前 X 轴标题
plt. cohere(x,y,NFFT=256,Fs)	绘制相关性图	plt. ylabel()	设置当前 Y 轴标题
plt. scatter()	绘制散点图	plt. xticks()	设置当前 X 轴刻度值
plt. step(x,y,where)	绘制步阶图	plt. yticks()	设置当前 Y 轴刻度值
plt. hist(x,bins,normed)	绘制直方图	plt. clines()	绘制垂直线
plt. contour(X,Y,Z,N)	绘制等值线	plt. plot_date()	绘制日期数据

数据点是绘图中一个重要的元素,设置 marker 属性常用的标记及含义如表 7-16 所示。

表 7-16　数据点标记

标记	符号	描述	标　记	符号	描述	标　记	符号	描述
"."	•	点	"D"	◆	菱形	"s"	■	正方形
","	.	像素点	"d"	◆	瘦菱形	"p"	⬟	五边形
"o"	●	实心圆	"|"	|	竖线	"P"	✚	加号(填充)
"v"	▼	下三角	"_"	—	横线	"*"	★	星号
"^"	▲	上三角	1 (TICKRIGHT)	—	右横线	"h"	⬡	六边形 1
"<"	◀	左三角	2(TICKUP)	|	上竖线	"H"	⬡	六边形 2
">"	▶	右三角	4(CARETLEFT)	◀	左箭头	"+"	+	加号
"1"	Y	下三叉	5(CARETRIGHT)	▶	右箭头	"x"	×	乘号×
"2"	⅄	上三叉	6(CARETUP)	▲	上箭头	7(CARETDOWN)	▼	下箭头
"3"	⊢	左三叉	"4"	⊱	右三叉	"8"	●	八角形

例 7-81:现有函数 y=sin(x),要求用 matplotlib 绘制一张折线图。

```
#导入模块
import matplotlib.pyplot as plt
import numpy as np
#设定 x 值
x = np. array(range(0,20))
#设定 y 值
y = np. sin(x)
#绘制折线图
plt. plot(x,y)
#展示折线图
plt. show()
```

输出结果如图 7-18 所示。

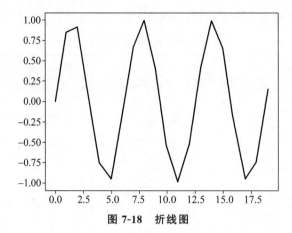

图 7-18　折线图

例 7-82：使用"学生成绩表.xlsx"绘制折线图,查看每位学生的语文成绩。

```python
import matplotlib.pyplot as plt
import pandas as pd
# 显示中文字符
plt.rcParams['font.sans - serif'] = [u'SimHei']
plt.rcParams['axes.unicode_minus'] = False
# 读取数据
data = pd.read_excel(r"学生成绩表.xlsx", usecols = [2,3])
# 定义画布
plt.figure(figsize = (5,4), dpi = 200)
# 绘制折线图
plt.plot(data["姓名"], data["语文"], color = 'red', marker = " * ")
# 更改坐标轴标题
plt.xlabel('姓名')
plt.ylabel('语文')
# 设置 X 轴标签旋转 90°,即竖向显示
plt.xticks(rotation = 90)
# 保存文件
plt.savefig("语文成绩.jpg", bbox_inches = 'tight')
```

绘制图形如图 7-19 所示。

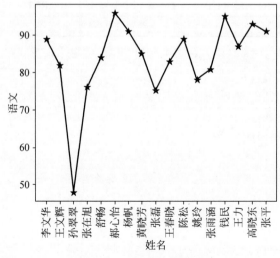

图 7-19　学生成绩折线图

例 7-83：使用"学生成绩表.xlsx"绘制成绩的柱形图，查看每个学生的各科成绩情况。

```python
import matplotlib.pyplot as plt
import pandas as pd
# 显示中文内容
plt.rcParams['font.sans - serif'] = [u'SimHei']
plt.rcParams['axes.unicode_minus'] = False
# 导入数据
data = pd.read_excel(r"学生成绩表.xlsx",usecols = [2,3,4,5,6,7])
# 设置 x,y 的值
x = data["姓名"]
y = data["语文"]
# 设置图表大小与分辨率
plt.figure(figsize = (5,4),dpi = 200)
# 生成柱形图
plt.bar(x,y,width = 0.5)
# 设置轴标题
plt.xlabel('姓名')
plt.ylabel('分数')
# 添加图表标题
plt.title("学生成绩")
# 将 X 轴刻度值旋转 90°,字体大小为 6
plt.xticks(rotation = 90, fontsize = 6)
# 保存图表
plt.savefig("学生成绩柱形图.jpg",bbox_inches = 'tight')
```

绘制图形如图 7-20 所示。

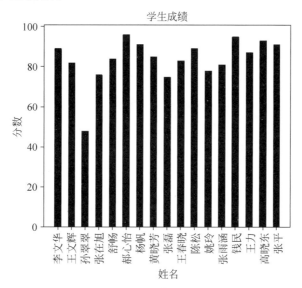

图 7-20　学生成绩柱形图

例 7-84：使用"年龄分布情况.xlsx"，制作饼图。

```python
import matplotlib.pyplot as plt
import pandas as pd
# 显示中文内容
plt.rcParams['font.sans - serif'] = ['SimHei']
plt.rcParams['axes.unicode_minus'] = False
```

```
#导入数据
data = pd.read_excel(r"年龄分布情况.xlsx")
#设置用于饼图的数据
x = data["人数"]
y = data["年龄"]
#设置图表大小与分辨率
plt.figure(figsize = (5, 4), dpi = 200)
#生成饼图
plt.pie(x, labels = y, autopct = '%1.1f%%')
#添加图表标题
plt.title("年龄分布情况")
#保存图表
plt.savefig("年龄分布情况.jpg", bbox_inches = 'tight')
```

绘制图形如图 7-21 所示。

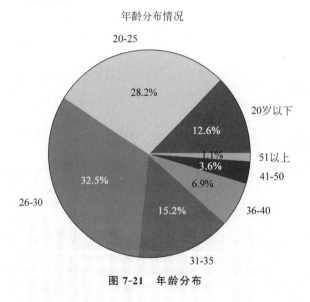

图 7-21　年龄分布

7.5.2　pandas 绘图

虽然 matplotlib 库的绘图功能十分强大，但在实际应用中，绘图所需的数据大多来源于文件或 pandas 数据结构。正因如此，pandas 以 matplotlib 为绘图基础，特别提供了 Series.plot 和 DataFrame.plot 两种便捷的绘图方法。由于 pandas 数据结构本身具有规范性，非常便于向量化运算和处理，所以使用 pandas 进行绘图不仅比直接使用 matplotlib 更为高效，还能使代码更加简洁明了。

Series.plot 和 DataFrame.plot 的主要参数及含义如表 7-17 所示。

表 7-17　pandas 绘图主要参数

| Series. plot 参数 | | DataFrame. plot 方法的图形参数 | |
参　数	含　义	参　数	含　义
label	图表的标签	subplots	将各个 DataFrame 列绘制到单独的 subplot 中
alpha	图表的填充透明度（0～1）	sharex	如果 subplots＝True，则共用一个 X 轴

续表

Series. plot 参数		DataFrame. plot 方法的图形参数	
参　　数	含　　义	参　　数	含　　义
kind	图表的类型,有 line、bar、barh 及 kde 等	sharey	如果 subplots = True,则共用一个 Y 轴
logy	在 Y 轴上使用对数标尺	figsize	图形元组的大小
rot	旋转刻度标签(0～360)	title	图形的标题
xticks,yticks	用作 X 轴和 Y 轴刻度的值	legend	添加一个 subplots 图例
xlim,ylim	X 轴和 Y 轴的界限	sort_columns	以字母表顺序绘制各列

pandas 绘制图形的基本步骤有以下 4 步。

(1) 导入模块。

```
import matplotlib.pyplot as plt
import pandas as pd
```

(2) 如果需要显示中文字符,需要加入以下代码。

```
plt.rcParams['font.sans - serif'] = ['SimHei']
plt.rcParams['axes.unicode_minus'] = False
```

(3) 绘制图形。

```
data.plot(kind = , title = , color = , x = , xlabel = , ylabel = , marker = , linewidth = ,
linestyle = )
```

(4) 保存图形。

```
plt.savefig('文件名.jpg', dpi = , bbox_inches = 'tight')
```

例 7-85:使用"学生成绩表.xlsx"绘制 pandas 折线图,查看每位学生的语文成绩。

```
import matplotlib.pyplot as plt
import pandas as pd
♯显示中文字符
plt.rcParams['font.sans - serif'] = ['SimHei']
plt.rcParams['axes.unicode_minus'] = False
♯读取数据
data = pd.read_excel(r"学生成绩表.xlsx", usecols = [2, 3])
♯绘制图形
plt.figure(figsize = (5, 4))
data[['姓名','语文']].plot(kind = 'line', title = '语文成绩表', color = 'b',x = "姓名",xlabel =
'姓名',ylabel = '成绩',marker = "o",linewidth = 1,linestyle = 'dashdot')
♯保存图形
plt.savefig("语文成绩分析.jpg", dpi = 200, bbox_inches = 'tight')
```

绘图效果如图 7-22 所示。

例 7-86:使用"学生成绩表.xlsx"绘制 pandas 柱形图,查看每位学生的语文成绩。

```
import matplotlib.pyplot as plt
import pandas as pd
♯显示中文字符
plt.rcParams['font.sans - serif'] = ['SimHei']
plt.rcParams['axes.unicode_minus'] = False
```

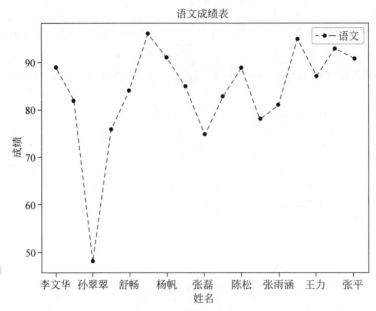

图 7-22   语文成绩折线图

```
# 读取数据
data = pd.read_excel(r"学生成绩表.xlsx", usecols = [2, 3])
ss = data[['姓名', '语文']]
# 绘制图形
plt.figure(figsize = (5, 4))
ss.plot(kind = 'bar', title = '语文成绩表', color = 'b', x = "姓名", xlabel = '姓名', ylabel = '成绩',
linewidth = 1)
# 保存图形
plt.savefig("语文成绩分析.jpg", dpi = 200, bbox_inches = 'tight')
```

绘制图形如图 7-23 所示。

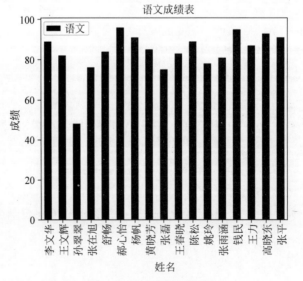

图 7-23   语文成绩柱形图

例 7-87：使用"学生成绩表.xlsx"绘制 pandas 箱形图,查看每门课程的成绩分布情况,
将每个科目的箱形图分为各个子图绘制。

视频讲解

分析：箱形图是针对连续型变量的,箱子的中间有一条线,是数据的中位数,代表了样本数据的平均水平。箱子的上下限,分别是数据的上四分位数和下四分位数。箱子中包含 50% 的数据。在箱子的上方和下方又各有一条线,代表着最大值和最小值。箱形图的作用是查看一串连续数据的平均水平、波动程度和异常值。

```python
import matplotlib.pyplot as plt
import pandas as pd
# 显示中文字符
plt.rcParams['font.sans-serif'] = ['SimHei']
plt.rcParams['axes.unicode_minus'] = False
# 读取数据
data = pd.read_excel(r"学生成绩表.xlsx", usecols=[2, 3,4,5,6,7])
ss = data[['语文','数学','计算机','英语','体育']]
# 绘制图形
plt.figure(figsize=(5, 4))
ss.plot(kind='box', title='成绩箱形图', color='b',ylabel='成绩',subplots=True)
# 自动调整多个子图间的距离
plt.tight_layout()
# 保存图形
plt.savefig("成绩箱形图.jpg", dpi=200, bbox_inches='tight')
```

绘制图形如图 7-24 所示。

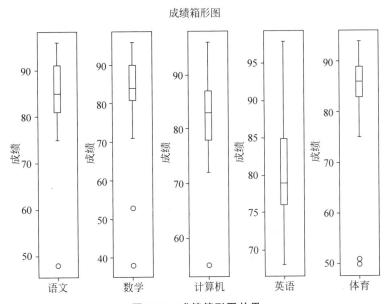

图 7-24　成绩箱形图效果

7.5.3　pyecharts 模块

ECharts 是一个由百度开源的数据可视化工具,凭借着良好的交互性、精巧的图表设计,得到了众多开发者的认可。而 Python 是一门富有表达力的语言,很适合用于数据处理。当数据分析遇上数据可视化时,pyecharts 诞生了。

pyecharts 库是一个用于生成 ECharts 图表的类库,它具有简洁的 API 设计,支持链式调用,囊括 30 多种常见图表,支持 Jupyter Notebook 和 JupyterLab,可轻松集成至 Flask、Django 等主流 Web 框架,具有高度灵活的配置项,可轻松搭配出精美的图表,具有详细的文档和示例,可以帮助开发者更快地上手项目。另外,还有多达 400 多个地图文件以及原生的百度地图,为地理数据可视化提供了强有力的支持。

1. 安装与导入

pyecharts 的安装,只需要在命令行输入以下指令即可。

```
pip install pyecharts
```

在使用 pyecharts 库的功能前,要先进行导入,与其他第三方库有所不同,pyecharts 的导入方法需要将每个图表类型的名称导入进来,以及需要用到的配置项模块、地图模块等,输入代码如下。

```
from pyecharts.charts import Scatter          ♯ 导入散点图
from pyecharts.charts import Line             ♯ 导入折线图
from pyecharts.charts import Pie              ♯ 导入饼图
from pyecharts.charts import Geo              ♯ 导入地图
from pyecharts import options as opts         ♯ 导入配置项
```

2. 绘制图表

pyecharts 库常用的图表类型如表 7-18 所示。

表 7-18   **pyecharts** 库常用的图表类型

名　　称	图 表 类 型	名　　称	图 表 类 型
Scatter	散点图	Gauge	仪表盘
Bar	柱状图	GraphGL	关系图
Pie	饼图	Liquid	水球图
Line	折线图/面积图	Parallel	平行坐标图
Radar	雷达图	Polar	极坐标系
Xankey	桑基图	HeatMap	热力图
Sunburst	旭日图	Tree	树图
Geo	地理坐标	Kline	K 线图

pyecharts 绘制图形的基本步骤有以下 5 步。

(1) 导入图表类型。

from pyecharts.charts import chart_name

(2) 创建实例对象。

c_name = chart_name()

(3) 添加数据。

c_name.add_xaxis:添加 X 轴数据。

c_name.add_yaxis:添加 Y 轴数据,Y 轴数据可以添加多个。

(4) 添加其他配置。

.set_global_opts():添加全局配置。

.set_series_opts()：添加系列配置。

（5）生成 HTML 网页。

.render()

以上为基本操作步骤，而实际在程序编写中，常采用链式调用的方式来绘图，因为链式调用更为清晰简洁。链接调用的方法是将上面步骤（2）～步骤（4）合为一个部分，具体如下。

```
c_name = (chart_name()
.add_xaxis;
.add_yaxis;
.set_global_opts()
.set_series_opts())
```

另外要注意一点的是，从 pandas 的 DataFrame 中提取数据时，要将数据框转换为列表，使用 tolist()来转换。例如，df["语文"].tolist()可以生成一个列表对象。

例 7-88：使用"学生成绩表.xlsx"绘制 pyecharts 柱形图，查看每位学生的语文和数学成绩。

分析：在 Bar()的参数中用 init_opts 可以初始化图表大小为 1000×600px，在全局配置中增加 title_opts 元素的设置，将标题命名为"成绩柱形图"，在全局配置中还可以增加 xaxis_opts 参数，将 X 轴标题命名为"姓名"，并将 X 轴标签旋转 30°，这样所有姓名可以全部显示出来。

视频讲解

```
import pandas as pd
from pyecharts.charts import Bar
import pyecharts.options as opts
# 读取文件中的数据
data = pd.read_excel(r"学生成绩表.xlsx")
# 定义图表对象
b = (Bar(init_opts = opts.InitOpts(width = '1000px', height = '600px'))
    .add_xaxis(data["姓名"].tolist())
    .add_yaxis("语文",data["语文"].tolist())
    .add_yaxis("数学", data["数学"].tolist())
    .set_global_opts(
        # 增加标题
        title_opts = {"text": "成绩柱形图"},
        # 增加 x 轴标题
        xaxis_opts = opts.AxisOpts(name = "姓名", axislabel_opts = {"rotate": 30})))
# 输出网页
b.render("成绩柱形图.html")
```

输出后的网页图形如图 7-25 所示。

例 7-89：使用"消费水平.xlsx"绘制 pyecharts 条形图，查看各省/市/自治区的消费水平。

分析：在柱形图的基础上，添加.reversal_axis()方法，即可将柱形图旋转为条形图。

```
import pandas as pd
from pyecharts.charts import Bar
import pyecharts.options as opts
# 读取文件中的数据
data = pd.read_excel(r"消费水平.xlsx")
# 定义图表对象
b = (Bar(init_opts = opts.InitOpts(width = '1000px', height = '600px'))
    .add_xaxis(data["省市自治区"].tolist())
```

成绩柱形图

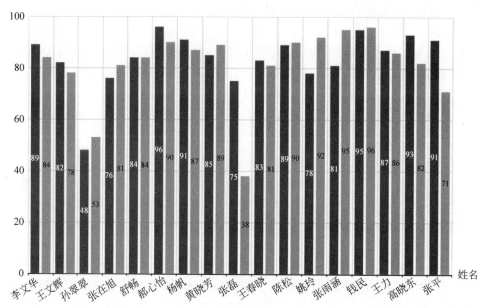

图 7-25　成绩柱形图

```
.add_yaxis("月人均消费水平",data["月人均消费水平"].tolist())
.reversal_axis()
.set_global_opts(
    #增加标题
    title_opts = {"text": "各省市自治区消费情况"},
    #增加 y 轴标题
    yaxis_opts = opts.AxisOpts(name = "省市自治区", axislabel_opts = {"rotate": 30})))
#输出网页
b.render("各省市自治区消费情况.html")
```

输出效果如图 7-26 所示。

例 7-90：根据"年龄分布情况.xlsx"绘制年龄分布情况的漏斗图，不显示图例。

```
from pyecharts import options as opts
from pyecharts.charts import Funnel
import pandas as pd
df = pd.read_excel(r"年龄分布情况.xlsx")
c = (Funnel()
    .add(
        "年龄",
        [list(z) for z in zip(df["年龄"].tolist(), df["人数"].tolist())],
        sort_ = "ascending",
        label_opts = opts.LabelOpts(position = "inside"),
    )
    .set_global_opts(title_opts = opts.TitleOpts(title = "年龄分布情况"),
                    legend_opts = opts.LegendOpts(is_show = False))
    .render("年龄分布情况.html")
)
```

输出后的图表如图 7-27 所示。

各省市自治区消费情况
省市自治区

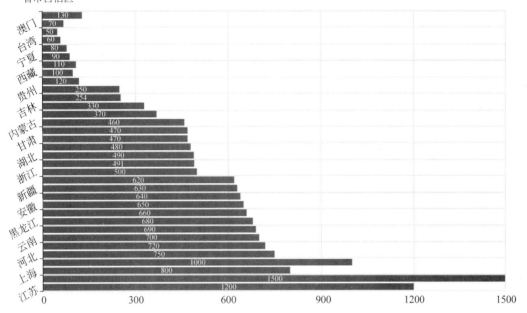

图 7-26　各省市自治区人均消费情况

年龄分布情况

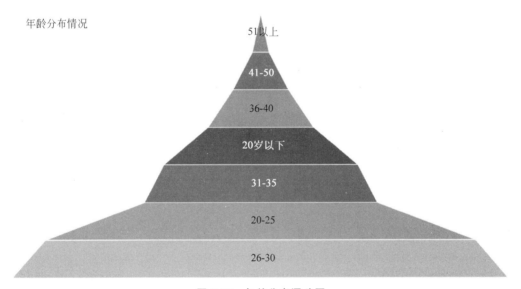

图 7-27　年龄分布漏斗图

例 7-91：已知保存有某商品的销售库存信息列表 sale＝[0.9,0.1]，绘制一个水球图。

分析：水球图是一种适合展现单个百分比数据的图表类型，pyecharts 模块能够非常方便地画出水球图，进而实现酷炫的数据展示效果。

```
from pyecharts import options as opts
from pyecharts.charts import Liquid
c = (
    Liquid()
    .add("销售库存比", [0.9, 0.1], is_outline_show = False)
```

```
        .set_global_opts(title_opts = opts.TitleOpts(title = "销售库存比"))
        .render("销售库存比水球图.html")
)
```

绘制图形如图 7-28 所示。

销售库存比

图 7-28   销售库存比水球图

例 7-92：根据"年龄分布情况.xlsx"绘制年龄分布情况的饼图,不显示图例。

```
from pyecharts import options as opts
from pyecharts.charts import Pie
import pandas as pd
#定义数据
df = pd.read_excel(r"年龄分布情况.xlsx")
#定义饼图对象
c = (
Pie()
#添加数据
.add("", [list(z) for z in zip(df["年龄"].tolist(), df["人数"].tolist())])
#设置颜色
.set_colors(["blue", "green", "yellow", "red", "pink", "orange"])
#添加标题,标题居中显示
.set_global_opts(title_opts = opts.TitleOpts(title = "年龄分布情况", pos_left = 'center'),
#关闭图例
                 legend_opts = opts.LegendOpts(is_show = False))
#更改系列显示形式
    .set_series_opts(label_opts = opts.LabelOpts(formatter = "{b}: {c}"))
    .render("年龄分布情况.html")
)
```

绘制效果如图 7-29 所示。

例 7-93：对"三国演义.txt"进行词文分析,找出出现最多的 20 个关键字,并根据字频制成词云图。

```
import pyecharts.options as opts
from pyecharts.charts import WordCloud
#用 jieba 将整篇文本分词
import jieba.analyse
with open("三国演义.txt","r",encoding = "utf - 8") as f:
    text = f.read()
```

年龄分布情况

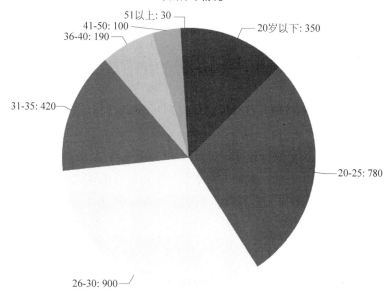

图 7-29　年龄分布饼图

```
t = jieba.lcut(text)
d = {}
for i in t:
    if len(i) > 1:
        d[i] = d.get(i,0) + 1
w = list(d.items())
#绘制词云图
c = (
WordCloud()
#将 w 的成对数据赋值进来,word_size_range 可以设置词云图的字体大小范围
    .add(series_name = "三国演义词云分析", data_pair = w, word_size_range = [1, 200])
    .set_global_opts(
        title_opts = opts.TitleOpts(
            title = "词云分析", title_textstyle_opts = opts.TextStyleOpts(font_size = 23),
pos_left = 'center',pos_top = "5 % "),
        tooltip_opts = opts.TooltipOpts(is_show = True))
    .render("三国演义词云图.html")
)
```

绘制的词云图如图 7-30 所示。

图 7-30　三国演义词云图

🔑 7.6　图形界面设计

编写程序的最终目的,是实现某些功能,而开发好的程序要被广泛推广,还需要为其设置图形界面,并打包为.exe 文件。Python 的图形界面功能提供了 tkinter、PyQt、wxPython 等库,本节主要介绍 tkinter 的使用,打包为.exe 文件主要使用 PyInstaller 库来实现。

7.6.1　tkinter 模块

tkinter 是 Python 中用于创建图形用户界面(GUI)的标准库之一。它是一个简单而强大的工具,适用于创建各种类型的窗口应用程序。tkinter 提供了许多常用的 GUI 组件,如按钮、标签、文本框、列表框等,以及布局管理器来帮助组织这些组件的位置和大小。借助 tkinter,开发者能轻松地构建出直观易用的界面,从而让用户通过单击按钮、输入文字等多种方式与软件进行交互。

tkinter 通常被用作教学和入门级的 GUI 开发。尽管有许多更现代和功能更丰富的 GUI 框架可供选择(如 PyQt、wxPython、Kivy 等),但 tkinter 因其简单易用和无须额外安装的特点而仍然受到许多开发者的喜爱。

1. tkinter 功能简介

1) 窗口设计

创建窗口的基本代码是:

```
import tkinter as tk
#创建窗口
win = Tk()
#进入等级与处理窗口事件
win.mainloop()
```

创建窗口后,还可以修改窗口的属性,具体如表 7-19 所示。

表 7-19　tkinter 窗口属性设置方法

方　　法	含　　义	示　　例
title()	设置窗口的标题	win.title('标题')
geoemetry("widthxheight")	设置窗口的大小以及位置,width 和 height 为窗口的宽度和高度,单位为 px	win.geoemetry("220x210")
maxsize()	窗口的最大尺寸	win.maxsize(500,500)
minsize()	窗口的最小尺寸	win.minsize(200,500)
configure(bg=color)	为窗口添加背景颜色	win.configure(bg="#CD5C5C"); win.configure(bg='IndianRed')
resizable(True,True)	设置窗口大小是否可更改,第一个参数表示是否可以更改宽度,第二个参数表示是否可以更改高度,值为 True(或 1)表示可以更改宽度或高度,若为 False(或 0)表示无法更改窗口的宽度或高度	win.resizable(0,True)

续表

方　　法	含　　义	示　　例
state("zoomed")	将窗口最大化	win. state('zoomed')
iconify()	将窗口最小化	win. iconify()
iconbitmap()	设置窗口的图标,参数可以是内置图标或自定义图标:info,error,question,warning,hourglass,gray12,gray25,gray50,gray75,'filename. ico'	win. iconbitmap(filename. ico)

2) 常用组件

在窗口中,一般常用组件有文件类、按钮类、选择列表类等,如表 7-20 所示。

表 7-20　常用组件及含义

属　　性	含　　义
文本类组件	Label:标签组件。主要用于显示文本,添加提示信息等。 Entry:单行文本组件。只能添加单行文本,文本较多时,不能换行显示。 Text:多行文本组件。可以添加多行文本,文本较多时可以换行显示。 Spinbox:输入组件。可以理解为列表菜单与单行文本框的组合体,因为该组件既可以输入内容,也可以直接从现有的选项中选择值。 Scale:数字范围组件。该组件可以使用户拖动滑块选择数值
按钮类组件	Button:按钮组件。通过单击按钮可以执行某些操作。 Radiobutton:单选组件。允许用户在众多选择中只能选中一个。 Checkbutton:复选框组件。允许用户多选
选择列表类组件	Listbox:列表框组件。将众多选项整齐排列,供用户选择。 Scrollbar:滚动条组件。绑定其他组件,使其他组件内容溢出时,显示滚动条。 OptionMenu:下拉列表
容器类组件	Frame:框架组件。用于将相关的组件放置在一起,以便于管理。 LabelFrame:标签框架组件。将相关的组件放置在一起,并给它们一个特定的名称。 Toplevel:顶层窗口。重新打开一个新窗口,该窗口显示在根窗口的上方。 PaneWindow:窗口布局管理。通过该组件可以手动修改其子组件的大小。 Notebook:选项卡。选择不同的内容,窗口中可显示对应的内容
会话类组件	Message:消息框。为用户显示一些短消息,比 Label 更灵活。 Messagebox:对话框。提供了 8 种不同场景的对话框
菜单类组件	Menu:菜单组件。可以为窗口添加菜单项以及二级菜单。 Toolbar:工具栏。为窗口添加工具栏。 Treeview:树菜单
进度条组件	Progressbar:添加进度条

虽然 tkinter 模块中提供了众多组件且每个组件都有各自的属性,但有些属性是各组件通用的,公共属性如表 7-21 所示。

表 7-21　组件的公共属性

属　　性	含　　义
foreground 或 fg	设置组件中文字的颜色
background 或 bg	设置组件的背景颜色

续表

属　　性	含　　义
width	设置组件的宽度
height	设置组件的高度
anchor	文字在组件内输出的位置，默认为 center（水平、垂直方向都居中）
padx	组件的水平间距
pady	组件的垂直间距
font	组件的文字的样式
relief	组件的边框样式
cursor	鼠标悬停在组件上时的样式

3）布局管理

窗口的布局常用 pack()方法和 grid()方法两种。

pack()方法的主要参数及含义如表 7-22 所示。

表 7-22　pack()方法的主要参数及含义

参　　数	含　　义
side	设置组件的排列方式：top、bottom、left、right
padx	设置组件距离窗口的水平距离，单位为 px
pady	设置组件距离窗口的垂直距离，单位为 px
ipadx	设置组件内的文字距离组件边界的水平距离，单位为 px
ipady	设置组件内的文字距离组件边界的垂直距离，单位为 px
fill	设置组件填充所在的空白空间的方式：x、y、both、none
expand	设置组件是否完全填充其余空间：True、False
anchor	设置组件在窗口中的位置
before	设置该组件位于指定组件的前面
after	设置该组件位于指定组件的后面

grid()网格布局方法常用的参数及含义如表 7-23 所示。

表 7-23　grid()方法的常用参数及含义

参　　数	含　　义
row	组件所在的行，常用 row＝0
column	组件所在的列，常用 column＝0
rowspan	组件横向合并的行数
columnspan	组件纵向合并的列数
sticky	组件填充所分配空间空白区域的方式，有 4 个可选的参数值，即 N（上对齐）、S（下对齐）、W（左对齐）、E（右对齐）
padx，pady	组件距离窗口边界的水平方向以及垂直方向的距离

2. tkinter 应用案例

tkinter 创建图形界面的基本步骤有导入 tkinter 模块、创建主窗口、添加控件、设置事件处理函数等。

第 1 步，导入 tkinter 模块。

通常使用 import tkinter as tk 来导入 tkinter 模块，并使用别名 tk 来引用它。

第 2 步,创建主窗口。

使用 tk.Tk()来创建一个主窗口对象。这个对象将作为其他 GUI 组件的容器。

第 3 步,设置窗口属性。

title():设置窗口的标题。

geometry():设置窗口的大小和位置。例如,"400×300"表示窗口宽 400px,高 300px。

第 4 步,添加组件。

tkinter 提供了多种组件,如 Label、Button、Entry(文本框)、Listbox(列表框)等。创建组件时,第一个参数通常是其父窗口或框架。

第 5 步,布局组件。

组件需要通过布局管理器添加到窗口中。tkinter 提供了几种布局管理器,如 pack()、grid()和 place()。常用 pack()方法来自动调整组件的位置和大小。

第 6 步,事件处理。

可以通过 command 参数为按钮等可交互组件指定事件处理函数。

第 7 步,进入主事件循环。

调用 mainloop()方法进入主事件循环,等待用户交互事件的发生。

通过掌握这些基本方法,可以开始构建更复杂的 tkinter 应用程序。tkinter 还提供了许多其他功能和选项,如菜单、对话框、画布绘图等,可以根据需要进行深入学习和使用。

例 7-94:生成一个图形化界面,包含一个按钮,效果如图 7-31 所示。

图 7-31　按钮及按下后效果图

```
import tkinter as tk
#创建窗口
root = tk.Tk()
#添加窗口标题
root.title('这是一个 tkinter 小 demo')
#添加按钮组件并设置样式
tk.Button(root, text = '演示文字', font = 14, relief = 'flat', bg = '#00ffff').pack(pady = 20)
#让程序继续执行,直到窗口被关闭
root.mainloop()
```

例 7-95:创建一个简单的标签+按钮的图形界面,如图 7-32 所示。

```
import tkinter as tk
#创建一个主窗口
root = tk.Tk()
#设置窗口标题
root.title("学习快乐")
#设置窗口大小
root.geometry("400×300")
#创建一个标签
```

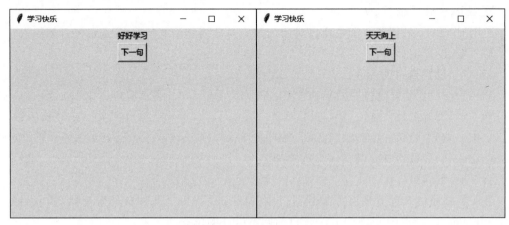

图 7-32　标签＋按钮示例效果

```
label = tk.Label(root, text = "好好学习")
# 将标签添加到主窗口
label.pack()
# 创建一个按钮
button = tk.Button(root, text = "下一句", command = lambda: label.config(text = "天天向上"))
# 将按钮添加到主窗口
button.pack()
# 进入主事件循环
root.mainloop()
```

例 7-96：使用"身份证码值对照表.txt"创建查询窗口,实现图形化操作界面,如图 7-33 所示。

视频讲解

图 7-33　身份证码值查询图形化界面

分析：本例中首先需要创建一个主窗口(root = tk.Tk()),设置其标题和大小。

然后需要添加一个标签 guess_label,提示用户输入身份证号码前 6 位,添加一个输入框 guess_entry,用于供用户输入数据,添加一个提交按钮 submit_button,用户单击后会进行查询,添加一个结果标签 result_label,用于显示查询结果或错误信息。

最后,定义 lookup 函数,用于查询身份信息,当用户单击提交按钮时被调用。调用时获取输入框中的内容,并在字典中查找对应的地址信息,如果找到,将结果更新到结果标签中；如果没有找到,则显示"未找到对应的地址信息！"的提示。

```
import tkinter as tk
from tkinter import messagebox
```

```
import json
#定义函数,获取用户输入并查询
def lookup():
    try:
        with open("身份证码值对照表.txt", 'r', encoding = 'utf - 8') as f:
            content = f.read()
        d = json.loads(content)
        #从 Entry 控件中获取用户输入
        address = guess_entry.get()
        if address in d.keys():
            result_label.config(text = d[address])
        else:
            result_label.config(text = "未找到对应的地址信息!")
    except json.JSONDecodeError:
        messagebox.showerror("错误", "身份证码值对照表格式有误!")
    except Exception as e:
        messagebox.showerror("错误", f"发生未知错误:{e}")
#创建主窗口
root = tk.Tk()
root.title("身份证码值查询表")
#设置窗口大小
root.geometry('300×200')
#创建一个标签提示用户输入
guess_label = tk.Label(root, text = "请输入你身份证号前 6 位:")
guess_label.pack(pady = 10)
#创建一个输入框供用户输入
guess_entry = tk.Entry(root)
guess_entry.pack(pady = 10)
#创建一个提交按钮,单击后调用 check_guess 函数
submit_button = tk.Button(root, text = "提交", command = lookup)
submit_button.pack(pady = 10)
#创建一个标签显示查询结果
result_label = tk.Label(root, text = "")
result_label.pack(pady = 10)
#运行主事件循环
root.mainloop()
```

7.6.2　PyInstaller 库

PyInstaller 可以在 Windows、Linux、macOS 等操作系统下将 Python 源文件(即.py 文件)打包,变成直接可运行的可执行文件。

打包后,源文件目录会生成两个文件夹:dist(存放可执行文件)和 buid(存放临时文件)。

PyInstaller 库常用的参数如表 7-24 所示。

表 7-24　PyInstaller 库常用的参数

参　　数	功　　能
-h,--help	查看帮助
--clean	清理打包过程中的文件
-D,--onedir	默认值,生成 dist 目录
-F,--onefile	在 dist 文件夹中只生成独立的打包文件
-i<图标文件名.ico>	指定打包程序使用的图标文件

例 7-97：将设计好图形化界面的"guess. py"打包为. exe 文件。

guess. py 文件中的内容如下。

```python
import tkinter as tk
number = 15
running = True
num = 0
nmaxn = 20
nminn = 0
def eBtnClose(event):
    root.destroy()
def eBtnGuess(event):
    global nmaxn
    global nminn
    global num
    global running
    if running:
        val_a = int(entry_a.get())
        if val_a == number:
            labelqval("恭喜答对了!")
            num += 1
            running = False
            numGuess()
        elif val_a < number:
            if val_a > nminn:
                nminn = val_a
                num += 1
                labelqval("小了哦,我输入" + str(nminn) + "到" + str(nmaxn) + "之间任意整数:")
        elif val_a > number:
            if val_a < nmaxn:
                nmaxn = val_a
                num += 1
                labelqval("大了哦,请输入" + str(nminn) + "到" + str(nmaxn) + "之间的任意整数:")
        else:
                num += 1
                labelqval("超出有效数据范围")
    else:
        labelqval('你已经答对了!')
def numGuess():
    if num == 1:
        labelqval('太棒了,一次就答对了')
    elif num < 10:
        labelqval(' == 十次以内答对了牛……尝试次数:' + str(num))
    else:
        labelqval('好吧,你都尝试超过 10 次了……尝试次数:' + str(num))
def labelqval(vText):
    label_val_q.config(label_val_q, text = vText)
root = tk.Tk(className = "猜数字游戏")
root.geometry("400x90 + 200 + 200")
label_val_q = tk.Label(root, width = "80")
label_val_q.pack(side = "top")
entry_a = tk.Entry(root, width = '40')
btnGuess = tk.Button(root, text = "猜")
entry_a.pack(side = "left")
```

```
entry_a.bind('< Return >',eBtnGuess)
btnGuess.bind("< Button - 1 >",eBtnGuess)
btnGuess.pack(side = "left")
btnClose = tk.Button(root,text = '关闭')
btnClose.bind('< Button - 1 >',eBtnClose)
btnClose.pack(side = "left")
labelqval("请输入 0~20 的任意整数:")
entry_a.focus_set()
print(number)
root.mainloop()
```

操作步骤:

第 1 步,安装 PyInstaller 库,在 Terminal 中输入命令:

```
pip install pyinstaller
```

第 2 步,将 guess.py 文件复制到项目文件夹中。

第 3 步,在 Terminal 中输入命令:

```
pyinstaller - F - w guess.py
```

第 4 步,查看项目文件夹中自动生成的 dist 和 build 目录,并运行 dist 中的 .exe 程序。最终生成一个 guess.exe 文件,打开后如图 7-34 所示,用户可以进行猜数游戏。

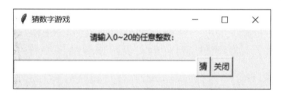

图 7-34 guess.exe 程序运行界面

7.7 网络爬虫

网络爬虫又称为网页蜘蛛、网络机器人,是一种按照一定的规则、自动请求万维网网站并提取网络数据的程序或脚本。它可以代替人们自动化浏览网络中的信息,进行数据的采集与整理。它也是一种程序,基本原理是向网站/网络发起请求,获取资源后分析并提取有用数据。

Baidu、Google、Yahoo 等人们常用的搜索引擎,就属于爬虫的应用,爬虫的主要目的是将互联网上的网页下载到本地,形成一个互联网内容的镜像备份。百度搜索引擎的爬虫叫作百度蜘蛛(Baiduspider),360 的爬虫叫 360Spider,搜狗的爬虫叫 Sogouspider,必应的爬虫叫 Bingbot。

7.7.1 爬虫简介

1. HTTP 网页请求过程

HTTP 采用了请求/响应模型。网页请求的具体过程分为以下 4 个步骤。

(1) 浏览器向 DNS 服务器发起 IP 地址请求。

DNS 是域名解析系统,可以将用户输入的域名转换为服务器的 IP 地址。

(2) 浏览器从 DNS 处获得 IP 地址。

(3) 浏览器向服务器发送 Request(请求)。

每一个用户打开的网页都必须在最开始由用户向服务器发送访问的请求。请求信息由请求行、请求头部、空行以及请求数据 4 部分组成。在请求行中,包含请求方法、URL 地址和协议版本。

HTTP 1.0 定义了三种请求方法: GET、POST 和 HEAD。HTTP 1.1 新增了 5 种请求方法: OPTIONS、PUT、DELETE、TRACE 和 CONNECT。

其中,GET 用于请求指定的页面信息,并返回实体主体,是最常见的方法,响应速度快。POST 比 GET 多了表单形式上传参数的功能,因此除查询信息外,还可以修改信息。除此之外,GET 提交的数据会放在 URL 之后,也就是请求行里面,以"?"分隔 URL 和传输数据,参数之间以"&"相连;POST 方法是把提交的数据放在 HTTP 包的请求体中。GET 提交的数据大小有限制(因为浏览器对 URL 的长度有限制),而 POST 方法提交的数据没有限制。

(4) 服务器 Response(响应)。

服务器在接收到用户的请求后,会验证请求的有效性,然后向用户发送相应的内容。客户端接收到服务器的相应内容后,再将此内容展示出来,以供用户浏览。HTTP 响应报文由状态行、响应报头、空行和响应正文组成。响应行表示协议/协议版本号、响应状态码和状态描述,响应报头表示服务器的属性,响应正文表示服务器向客户端响应返回的结果(图片/HTML/JSON/TXT 等)。

响应状态码一般由三位数字组成,标志着服务器对客户端请求的处理结果。常见的状态码有 200、303、404 等。本例中 200 表示请求成功;303 表示可在另一个 URI 之下找到该请求的响应;404 表示服务器找不到请求的网页;503 表示服务器目前无法使用(由于超载或停机维护)。

2. 爬虫过程

网络爬虫主要的操作对象是 HTTP 请求(Request)、HTTP 响应(Response)。用户使用爬虫来获取网页数据的时候,一般要经过以下 4 步: 发送请求、获取响应内容、解析内容和保存数据,如图 7-35 所示。

发送请求 ➡ 获取响应内容 ➡ 解析内容 ➡ 保存数据

图 7-35　爬虫使用步骤

7.7.2　requests 库

Python 凭借其丰富的爬虫框架和强大的多线程处理能力,在爬取网络数据中应用广泛。为了能够访问网络资源,Python 自带了 urllib 模块,但由于 urllib 库的代码编写较为烦琐,目前已经基本被 requests 库替代。requests 库是用 Python 语言编写,基于 urllib,采用 Apache2 Licensed 开源协议的第三方库。它使用起来更加人性化、更为方便,可以节约大量的工作。

在 Terminal 终端输入 pip install requests,即可安装 requests 库。

1. requests 库的功能介绍

1) 常用类

requests 库中提供了以下三个常用的类。

requests. Request：表示请求对象,一旦请求发送完毕,该请求包含的内容就会被释放掉。

requests. Response：表示响应对象,其中包含服务器对 HTTP 请求的响应。

requests. Session：表示请求对话,提供 Cookie 持久性、连接池和配置。

2) 请求函数

requests 库中提供了很多发送 HTTP 请求的函数,如表 7-25 所示。函数的功能是构建一个 Request 类型的对象,该对象将被发送到某个服务器上请求或者查询一些资源;以及在得到服务器返回的响应时产生一个 Response 对象,该对象包含服务器返回的所有信息,也包括原来创建的 Request 对象。

表 7-25　requests 库的请求函数

函　　数	功　能　说　明
requests. request()	构造一个请求,支撑以下各方面的基础方法
requests. get()	获取 HTML 网页的主要方法,对应于 HTTP 的 GET 请求方式
requests. head()	获取 HTML 网页头信息的方法,对应于 HTTP 的 HEAD 请求方式
requests. post()	向 HTML 网页提交 POST 请求的方法,对应于 HTTP 的 POST 请求方式
requests. put()	向 HTML 网页提交 PUT 请求的方法,对应于 HTTP 的 PUT 请求方式
requests. patch()	向 HTML 网页提交局部修改请求,对应于 HTTP 的 PATCH 请求方式
requests. delete()	向 HTML 网页提交删除请求,对应于 HTTP 的 DELETE 请求方式

3) 响应属性

response 库中获取的服务器的响应属性如表 7-26 所示。

表 7-26　响应属性

属　　性	说　　明
status_code	HTTP 请求的返回状态,200 表示连接成功,404 表示失败
text	HTTP 响应内容的字符串形式,即 URL 对应的页面内容
encoding	从 HTTP 请求头中猜测的响应内容编码方式
apparent_encoding	从内容中分析出的响应编码的方式(备选编码方式)
content	HTTP 响应内容的二进制形式

2. 用 requests 爬取数据

requests 爬取数据的基本步骤如下。

第 1 步,导入 requests 库。

```
import requests
```

第 2 步，指定 URL。

确定要爬取数据的网页 URL，并将其赋值给一个变量。例如：

url = 'https://www.example.com'。

第 3 步，发起请求。

使用 requests 库的 get() 方法向指定的 URL 发起 HTTP GET 请求。例如：

response = requests.get(url)。

最终，将获得一个 Response 对象，其中包含服务器的响应数据。

例 7-98：爬取国家统计局官网页面中的信息，网页内容如图 7-36 所示。

图 7-36　国家统计局官网

♯导入 requests 库

import requests

♯访问网页，将获取的数据保存到 r 变量中，并设置响应时间为 1s，如果服务器在 1s 内没有应答，将

♯会引发一个异常

r = requests.get("https://data.stats.gov.cn/easyquery.htm?cn = C01", timeout = 1)

♯输出页面内容

print(r.text)

运行程序如图 7-37 所示。

可以看到，页面内容很多，爬取到的数据中包含所需要的内容，那么如何解析数据为有价值的数据呢？在下文中将会得到这个问题的答案。

```
    <ul class='hidden' id='menuE01'><li><a  href='/easyquery.htm?cn=E0101' >分省月度数据</a>
    </li>
    <li><a  href='/easyquery.htm?cn=E0102' >分省季度数据</a>
    </li>
    <li><a  href='/easyquery.htm?cn=E0103' >分省年度数据</a>
    </li>
    <li><a  href='/easyquery.htm?cn=E0104' >主要城市月度价格</a>
    </li>
    <li><a  href='/easyquery.htm?cn=E0105' >主要城市年度数据</a>
    </li>
    <li><a  href='/easyquery.htm?cn=E0109' >港澳台月度数据</a>
    </li>
    <li><a  href='/easyquery.htm?cn=E0110' >港澳台年度数据</a>
    </li>
    </ul>
    <ul class='hidden' id='menuG01'><li><a  href='/easyquery.htm?cn=G0101' >主要国家(地区)月度数据</a>
    </li>
    <li><a  href='/easyquery.htm?cn=G0102' >三大经济体月度数据</a>
    </li>
    <li><a  href='/easyquery.htm?cn=G0103' >国际市场月度商品价格</a>
    </li>
    <li><a  href='/easyquery.htm?cn=G0104' >主要国家(地区)年度数据</a>
```

图 7-37　国家统计局页面内容

7.7.3　BeautifulSoup 库

1. 数据解析技术

数据解析技术是指分析网页的数据和结构，确定数据所在的位置和相应标签，然后借助网页解析器（用于解析网页的工具）从网页中解析和提取出有价值的数据。解析流程如图 7-38 所示。

图 7-38　网页解析过程

为此，Python 支持一些解析网页的技术，目前应用较为广泛的是正则表达式、XPath 和 BeautifulSoup。其中，正则表达式基于文本的特征来匹配或查找指定的数据，它可以处理任何格式的字符串文档，类似于模糊匹配的效果，因此主要针对文本和 HTML/XML 进行解析。XPath 和 BeautifulSoup 基于 HTML/XML 文档的层次结构来确定到达指定节点的路径，所以它们更适合处理层级比较明显的数据。

对于不同的网页解析技术，Python 分别提供了不同的模块或者库来支持。其中，re 模块支持正则表达式语法的使用，lxml 库支持 XPath 语法的使用，json 模块支持 JSONPath 语法的使用。此外，BeautifulSoup 本身就是一个 Python 库，官方推荐使用 BeautifulSoup4 进行开发。

2. BeautifulSoup 库的简介

BeautifulSoup 是一个可以从 HTML 或 XML 文件中提取数据的 Python 第三方库。它能够通过喜欢的解析器实现常用的文档导航、查找、修改文档的目的，有较高的数据提取效率。其操作起来简捷方便，受到广大开发人员的推崇。当前流行的 BeautifulSoup4 是 BeautifulSoup 系列模块的第 4 代。在 Python 中使用 BeautifulSoup 库，需要提前安装库，命令行安装方式是 pip install beautifulsoup4，或者也可以采用如前面章节所介绍的菜单操作方式。导入 BeautifulSoup4 模块代码如下。

```
from bs4 import BeautifulSoup
```

1)构建 BeautifulSoup 实例对象

可以通过传入一个文件操作符或者一段文本,来构建 BeautifulSoup 实例对象。有了该对象之后,就可以对该文档做一些数据提取操作了。Beautiful Soup 支持 Python 标准库中的 HTML 解析器,还支持一些第三方的解析器,如 lxml 和 HTML5lib。表 7-27 列出了主要的解析器及各自的特点。

表 7-27　解析器及特点

解 析 器	使 用 方 法
Python 标准库	BeautifulSoup(markup, "html. parser")
lxml HTML 解析器	BeautifulSoup(markup,"lxml")
lxml XML 解析器	BeautifulSoup(markup, ["lxml-xml"])或 BeautifulSoup(markup,"xml")
HTML5 库	BeautifulSoup(markup,"html5lib")

2)输出方法

常用的格式化输出方法 prettify()方法,可以将 BeautifulSoup 文档树格式化后以 Unicode 编码输出,每个 XML/HTML 标签都独占一行。prettify()方法既可以为 HTML 标签和内容增加换行符,又可以对标签做相关的处理,以便于更加友好地显示 HTML 内容。

如果只想得到 tag 中包含的文本内容,那么可以调用 get_text()方法,这个方法获取到 tag 中包含的所有文本内容包括子孙 tag 中的内容,并将结果作为 Unicode 字符串输出。

例 7-99:已知有一段 HTML 代码为"< html >< head >< title >个人简介</title ></head >

```
< body >
    < p class = "title"><b>张三</b></p>
    < p class = "history">人物生平:
    < a href = "http://example.com/hg" class = "ms" id = "hg">籍贯</a>、
    < a href = "http://example.com/slf" class = "ms" id = "slf">学习经历</a>和
    < a href = "http://example.com/cmh" class = "ms" id = "cmh">工作经历</a>,
    很高兴认识您!
</p>",请用 bs4 解析其中的内容。
html_doc = """< html >< head >< title >个人简介</title ></head >
< body >
< p class = "title"><b>张三</b></p>
< p class = "history">人物生平:
< a href = "http://example.com/hg" class = "jg" id = "hg">籍贯</a>、
< a href = "http://example.com/slf" class = "xx" id = "slf">学习经历</a>和
< a href = "http://example.com/cmh" class = "gz" id = "cmh">工作经历</a>,
很高兴认识您!
</p>"""
from bs4 import BeautifulSoup
# 用 Python 标准库解析
soup = BeautifulSoup(html_doc,'html.parser')
# 输出解析结果
print(soup.prettify())
```

执行结果：

```
< html >
 < head >
  < title >
   个人简介
  </title >
 </head >
 < body >
  < p class = "title">
   < b >
    张三
   </b >
  </p >
  < p class = "history">
   人物生平:
   < a class = "jg" href = "http://example.com/hg" id = "hg">
    籍贯
   </a >
   、
   < a class = "xx" href = "http://example.com/slf" id = "slf">
    学习经历
   </a >
   和
   < a class = "gz" href = "http://example.com/cmh" id = "cmh">
    工作经历
   </a >
   ,
   很高兴认识您!
  </p >
 </body >
</html >
```

例 7-100：在例 7-99 的基础上修改输出内容，只输出文字内容。

```
html_doc = """< html >< head >< title >个人简介</title ></head >
< body >
    < p class = "title">< b >张三</b ></p >
    < p class = "history">人物生平:
    < a href = "http://example.com/hg" class = "jg" id = "hg">籍贯</a >、
    < a href = "http://example.com/slf" class = "xx" id = "slf">学习经历</a >和
    < a href = "http://example.com/cmh" class = "gz" id = "cmh">工作经历</a >,
    很高兴认识您!
</p >"""
from bs4 import BeautifulSoup
#用 Python 标准库解析
soup = BeautifulSoup(html_doc,'html.parser')
#输出解析结果
print(soup. get_text())
```

执行结果如图 7-39 所示。

3）遍历文档树

(1) 子节点。

要描述标签的子节点,可以用 tag 的.contents 属性将子节点以列表的方式输出。

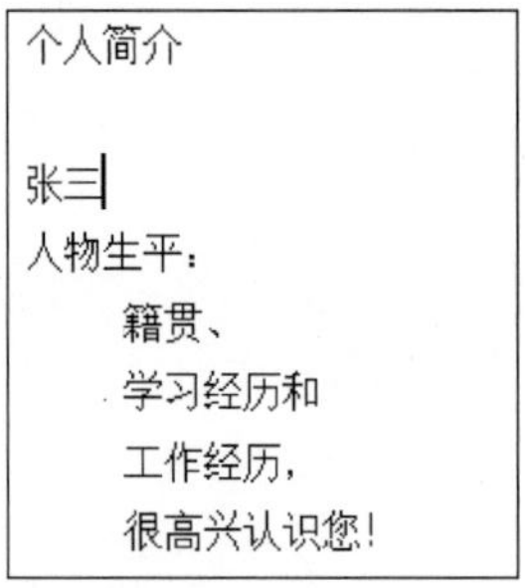

图 7-39 get_text()方法输出解析结果

除了. contents,. children 也可以遍历所有子节点。

children 可以生成列表迭代器。这时,可以通过 for 循环来获取其中的元素。

(2) 所有子孙节点。

. contents 和. children 属性仅包含标签的直接子节点,. descendants 属性可以对所有标签的子孙节点进行递归循环,和 children 类似,这里不再赘述。

(3) 节点内容。

在前文已经论述过. string 的使用方法,. string 可以提取节点字符串,但是要注意的是,对于标签内不含有其他标签的子节点,那么可以使用. string 得到文本,如果 tag 包含多个子节点,tag 就无法确定应该调用哪个子节点的内容,会出现获取文本失败。这时,可以选择用 text 的方法来获取文本。

(4) 父节点。

继续分析文档树,每个 tag 或字符串都有父节点,可以用. parent 来描述。

(5) 兄弟节点。

兄弟节点是在同一层,它们使用相同的缩进级别。在文档树中,可以使用. next_sibling 和. previous_sibling 来查询兄弟节点。除此之外,通过 next_siblings 和 previous_siblings 属性可以对当前节点的兄弟节点进行迭代输出。. next_element 和. previous_element 与. next_siblings 可以指向解析过程中下一个被解析的对象,一般是字符串或 tag。

4) 搜索文档树

网页中有用的信息都存在于网页中的文本或者各种不同标签的属性值,为了能获得这些有用的网页信息,可以通过一些查找方法获取文本或者标签属性。因此,BeautifulSoup 库内置了一些查找方法,其中最常用的两个方法功能如下。

find()方法:用于查找符合查询条件的第一个标签节点。

find_all()方法:查找所有符合查询条件的标签节点,并返回一个列表。

这两个方法用到的参数是一样的,find_all()方法的定义如下。

find_all (self,name,attrs,recursive,text,limit, ** kwargs)

上述方法中一些重要参数所表示的含义如下。

(1) name 参数。

查找所有名字为 name 的标签,但字符串会被自动忽略。下面是 name 参数的几种情况。

传入字符串:在搜索的方法中传入一个字符串参数,BeautifulSoup 对象会查找与字符串匹配的内容。

传入列表：如果传入一个列表，那么 BeautifulSoup 对象会将与列表中任一元素匹配的内容返回。

（2）attrs 参数。

attrs 参数中，可以使用 tag 的属性来搜索，如果指定的某个属性不是搜索方法中内置的参数名，那么在进行搜索时，会把该参数当作指定名字 tag 的属性来搜索。

例如，在 find_all()方法中传入名称为 href 的参数，BeautifulSoup 对象会搜索每个标签的 href 属性。若传入多个属性值时，则可以同时过滤出标签中的多个属性，大大提高了搜索的精确性。

（3）text 参数。

通过在 find_all()方法中传入 text 参数，可以搜索文档中的字符串内容。与 name 参数的可选值一样，text 参数也可以接收字符串、正则表达式和列表等。

（4）limit 参数。

find_all()方法返回的是全部的搜索结果，如果文档树非常大，那么搜索的速度会特别慢。如果不需要获得所有的结果，那么可以使用 limit 参数来限制返回结果的数量。当搜索结果的数量达到 limit 的限制时，就自动停止搜索返回结果。

例如，限制搜索到两个<a>标签就停止，使用 soup.find_all("a", limit=2)。

（5）recursive 参数。

调用 tag 的 find_all()方法时，BeautifulSoup 会检索当前 tag 的所有子孙节点，如果只想搜索 tag 的直接子节点，可以使用参数 recursive=False。

find_all()在 BeautifulSoup 中是用得非常多的搜索方法，因此为了方便采用了简写方法，如 soup.find_all("a")可以简写为 soup("a")，soup.title.find_all(string=True)也可以简写为 soup.title(string=True)。

3. BeautifulSoup 库应用

例 7-101：爬取腾讯新闻（https://new.qq.com/rain/a/20240602A07PMW00）页面中的标题文字。页面内容如图 7-40 所示。

按 F12 键进入开发者工具，经分析，网页的 HTML 代码如图 7-41 所示。

编写程序代码如下。

```
import requests
from bs4 import BeautifulSoup
# 替换为要爬取的腾讯新闻页面的 URL
url = 'https://new.qq.com/rain/a/20240602A07PMW00'
# 发送 HTTP 请求
response = requests.get(url)
# 解析 HTML 内容
soup = BeautifulSoup(response.text, 'html.parser')
# 提取 h1 中的标题文字
h1_text = soup.h1.text
# 输出查看标题文字
print(h1_text)
```

例 7-102：爬取腾讯新闻（https://new.qq.com/rain/a/20240603A05HN400）页面中的用户点评。页面内容和用户评论代码如图 7-42 和图 7-43 所示。

图 7-40　腾讯新闻页面

图 7-41　网页代码

图 7-42　腾讯新闻页面

图 7-43　用户评论代码

编写代码如下。

```
from bs4 import BeautifulSoup
import time
# 爬取动态网页内容需要
from selenium import webdriver
# 定义 URL
```

```
url = 'https://new.qq.com/rain/a/20240603A05HN400'
#打开浏览器处理
browser = webdriver.Firefox()
browser.get(url)
#输出提示语
print("正在获取数据……请稍等……")
#等待加载
time.sleep(4)
#获取当前页面全部内容
res = browser.page_source
#关闭浏览器
browser.close()
#解析 HTML 内容
soup = BeautifulSoup(res, 'html.parser')
#根据开发者工具中的评价对象属性,查找相应的元素
span_element = soup.find_all("span", class_ = 'index_module_qncEmojiTextParser__841037f6 qnc-
emoji-text-parser qnc-comment__content')
#提取文本内容并输出
for c in span_element:
    print(c.text.strip())
```

在本案例中,由于用户评论是动态加载出来,这里用到了 selenium 库,调用了 Firefox 浏览器自动打开网页,并等待加载数据。

特别提醒:本书关于爬虫技术的介绍,仅用于学习交流,对网站信息的爬取请遵守相关法律与网站规定,请勿将爬虫技术用于干扰网站运行、窃取用户隐私、非法交易等用途!

🔑 小结

本章内容思维导图如图 7-44 所示。

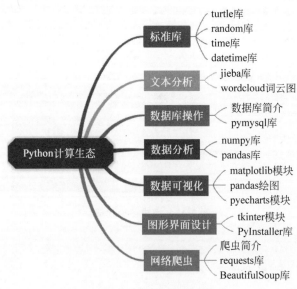

图 7-44　第 7 章内容思维导图

🔑 习题

在线测试

一、选择题

1. 安装第三方库的命令格式是(　　)。
   A. pip install <第三方库名>　　　　　B. pip uninstall <第三方库名>
   C. pip download <第三方库名>　　　　D. pip search <第三方库名>

2. random 库的 seed(1)函数的作用是(　　)。
   A. 生成一个随机数　　　　　　　　　B. 生成一个 k 比特长度的随机整数
   C. 设置初始化随机数种子 1　　　　　D. 生成一个[0.0，1.0)中的随机小数

3. 以下关于 turtle 库的说法,错误的是(　　)。
   A. seth(x)是 setheading(x)函数的别名,让画笔旋转 x 角度
   B. home()函数设置当前画笔位置到原点,方向朝上
   C. 可以用 import turtle 来导入 turtle 库函数
   D. 在 import turtle 之后,可以用 turtle.circle()语句画一个圆圈

4. turtle 画图结束后,让画面停顿,不立即关掉窗口的方法是(　　)。
   A. turtle.clear()　　　　　　　　　　B. turtle.setup()
   C. turtle.penup()　　　　　　　　　　D. turtle.done()

5. 以下关于代码执行结果的说法,正确的是(　　)。

```
import random
a = random.randint(1,100)
while a < 50:
    a = random.randint(1,100)
print(a)
```

   A. 每次执行结果不完全相同　　　　　B. 执行错误
   C. 执行结果总是 50　　　　　　　　　D. 执行结果总是 51

6. 以下代码的执行结果不可能是(　　)。

```
import random
def func(n):
    if n == 1 or n == 2:
        return 1
    else:
        return random.randint(1,n-1)
print(func(10))
```

   A. 3　　　　　　　B. 2　　　　　　　C. 1　　　　　　　D. 10

7. 以下关于 Python 语言 time 标准库的说法,错误的是(　　)。
   A. localtime()返回系统当前时间对应的 struct_time 形式
   B. localtime()返回系统当前时间对应的时间戳
   C. strftime()按照指定的格式返回字符串形式的时间
   D. mktime()将 struct_time 对象转换成时间戳

8. 以下属于 Python 中文分词方向第三方库的是（   ）。

    A. python-docx   B. pandas   C. beautifulsoup4   D. jieba

9. 以下不能返回列表类型的选项是（   ）。

    A. s. split()   B. jieba. lcut()   C. jieba. cut()   D. list()

10. 以下属于 Python 网络爬虫方向的第三方库是（   ）。

    A. myqr   B. numpy   C. scrapy   D. pillow

二、操作题

1. 创建任意一个包含完整年、月、日、时、分、秒的 datetime 对象，计算该 datetime 的时间戳，将时间戳除 86400，并计算 datetime 对象与 1970 年 01 月 01 日 00 时 00 分 00 秒的时间差。

2. 在鸢尾花数据集中包含三种类型鸢尾花卉，共 150 条记录，每条记录均有 4 个特征：花萼长度、花萼宽度、花瓣长度、花瓣宽度。现为了获取长度与鸢尾花类型之间的关系，分别使用 matplotlib 库绘制花萼长度、花瓣长度和鸢尾花类型的散点图，并进行分析。

参 考 文 献

［1］ 王霞,王书芹,郭小荟,等.Python 程序设计(思政版)［M］.2 版.北京:清华大学出版社,2024.

［2］ 王小宁.Python 大数据分析:以旅游数据分析为例［M］.北京:清华大学出版社,2023.

［3］ 黄锐军.Python 程序设计教程［M］.北京:高等教育出版社,2021.

［4］ 丁辉,陈永.Python 程序设计教程［M］.北京:高等教育出版社,2023.

［5］ 董付国.Python 程序设计［M］.北京:机械工业出版社,2022.

［6］ 夏敏捷,尚展垒.Python 基础入门(项目案例·题库·微课视频版)［M］.2 版.北京:清华大学出版社,2023.

［7］ 江红,余青松.Python 程序设计与算法基础教程(项目实训·题库·微课视频版)［M］.3 版.北京:清华大学出版社,2023.

图书资源支持

感谢您一直以来对清华版图书的支持和爱护。为了配合本书的使用，本书提供配套的资源，有需求的读者请扫描下方的"书圈"微信公众号二维码，在图书专区下载，也可以拨打电话或发送电子邮件咨询。

如果您在使用本书的过程中遇到了什么问题，或者有相关图书出版计划，也请您发邮件告诉我们，以便我们更好地为您服务。

我们的联系方式：

清华大学出版社计算机与信息分社网站：https://www.shuimushuhui.com/

地　　址：北京市海淀区双清路学研大厦 A 座 714

邮　　编：100084

电　　话：010-83470236　010-83470237

客服邮箱：2301891038@qq.com

QQ：2301891038（请写明您的单位和姓名）

资源下载：关注公众号"书圈"下载配套资源。

资源下载、样书申请

书圈

图书案例

清华计算机学堂

观看课程直播